はじめに

Microsoft PowerPoint 2019は、訴求力のあるスライドを作成し、効果的なプレゼンテーションを行うためのプレゼンテーションソフトです。

本書は、初めてPowerPointをお使いになる方を対象に、スライドの作成、箇条書きの入力、表の作成、画像の挿入、スライドショーの実行など、基本的な機能と操作方法をわかりやすく解説しています。

本書は、経験豊富なインストラクターが、日ごろのノウハウをもとに作成しており、講習会や授業の教材としてご利用いただくほか、自己学習の教材としても最適なテキストとなっております。

本書を通して、PowerPointの知識を深め、実務にいかしていただければ幸いです。

本書を購入される前に必ずご一読ください

本書は、2019年9月現在のPowerPoint 2019（16.0.10346.20002）に基づいて解説しています。本書発行後のWindowsやOfficeのアップデートによって機能が更新された場合には、本書の記載のとおりに操作できなくなる可能性があります。あらかじめご了承のうえ、ご購入・ご利用ください。

2019年11月26日
FOM出版

◆Microsoft、PowerPoint、Windowsは、米国Microsoft Corporationの米国およびその他の国における登録商標または商標です。
◆その他、記載されている会社および製品などの名称は、各社の登録商標または商標です。
◆本文中では、TMや®は省略しています。
◆本文中のスクリーンショットは、マイクロソフトの許可を得て使用しています。
◆本文およびデータファイルで題材として使用している個人名、団体名、商品名、ロゴ、連絡先、メールアドレス、場所、出来事などは、すべて架空のものです。実在するものとは一切関係ありません。
◆本書に掲載されているホームページは、2019年9月現在のもので、予告なく変更される可能性があります。

目次

■ **本書をご利用いただく前に** ------------------------------------- 1

■ **第1章 PowerPointの基礎知識** ------------------------------ 6

Step1 PowerPointの概要 ------------------------------------ 7
- ● 1 PowerPointの概要 ………………………………7

Step2 PowerPointを起動する ----------------------------- 11
- ● 1 PowerPointの起動 ………………………… 11
- ● 2 PowerPointのスタート画面 ………………… 12

Step3 プレゼンテーションを開く -------------------------- 13
- ● 1 プレゼンテーションを開く ………………… 13
- ● 2 プレゼンテーションとスライド ………………… 15

Step4 PowerPoint の画面構成 --------------------------- 16
- ● 1 PowerPointの画面構成 ………………………… 16
- ● 2 表示モードの切り替え ………………………… 18
- ● 3 スライドの切り替え ………………………… 21

Step5 プレゼンテーションを閉じる ----------------------- 22
- ● 1 プレゼンテーションを閉じる ………………… 22

Step6 PowerPointを終了する --------------------------- 23
- ● 1 PowerPointの終了 ………………………… 23

■ **第2章 プレゼンテーションの作成** --------------------------- 24

Step1 作成するプレゼンテーションを確認する ---------------- 25
- ● 1 作成するプレゼンテーションの確認 ………………… 25

Step2 新しいプレゼンテーションを作成する ----------------- 26
- ● 1 新しいプレゼンテーションの作成 ………………… 26
- ● 2 スライドの縦横比の設定 ……………………… 27
- ● 3 テーマの適用 ……………………………… 28
- ● 4 テーマのバリエーションの設定 ………………… 29

i

Step3 プレースホルダーを操作する ---------------------------- 31
- ●1 プレースホルダー ……………………………………… 31
- ●2 タイトルとサブタイトルの入力 ………………………… 31
- ●3 プレースホルダーの選択 ……………………………… 33
- ●4 プレースホルダー全体の書式設定 …………………… 35
- ●5 プレースホルダーの部分的な書式設定 ……………… 36
- ●6 プレースホルダーのサイズ変更 ……………………… 37
- ●7 プレースホルダーの移動 ……………………………… 38

Step4 スライドを挿入する ------------------------------------- 40
- ●1 スライドのレイアウト …………………………………… 40
- ●2 スライドの挿入 ………………………………………… 41

Step5 箇条書きテキストを入力する --------------------------- 43
- ●1 箇条書きテキストの入力 ……………………………… 43
- ●2 箇条書きテキストのレベル下げ ……………………… 44
- ●3 行間の設定……………………………………………… 45

Step6 プレゼンテーションの構成を変更する ----------------- 46
- ●1 スライド一覧表示モードへの切り替え ………………… 46
- ●2 スライドの移動 ………………………………………… 47
- ●3 スライドのコピー ……………………………………… 47
- ●4 スライドの削除 ………………………………………… 48
- ●5 標準表示モードに戻す ………………………………… 49

Step7 プレゼンテーションを保存する --------------------------- 50
- ●1 名前を付けて保存……………………………………… 50

■第3章 表の作成 ---52

Step1 作成するスライドを確認する------------------------- 53
- ●1 作成するスライドの確認 ……………………………… 53

Step2 表を作成する --- 54
- ●1 表の構成……………………………………………… 54
- ●2 表の作成……………………………………………… 54
- ●3 表のサイズ変更 ………………………………………… 57
- ●4 表の移動……………………………………………… 58

ii

Step3	行や列を操作する	59
●1	行の挿入	59
●2	行の削除	60
●3	列幅の変更	61

Step4	表に書式を設定する	62
●1	表のスタイルの適用	62
●2	表スタイルのオプションの設定	63
●3	文字の配置の変更	64

■第4章　画像や図形の挿入 66

Step1	作成するスライドを確認する	67
●1	作成するスライドの確認	67

Step2	画像を挿入する	68
●1	画像	68
●2	画像の挿入	68
●3	画像の移動とサイズ変更	70
●4	画像のスタイルの適用	72
●5	画像の明るさとコントラストの調整	72

Step3	図形を作成する	75
●1	図形	75
●2	図形の作成	75
●3	図形への文字の追加	76
●4	図形のスタイルの適用	77
●5	図形の書式設定	78

Step4	SmartArtグラフィックを作成する	80
●1	SmartArtグラフィック	80
●2	SmartArtグラフィックの作成	80
●3	テキストウィンドウの利用	81
●4	SmartArtグラフィックのスタイルの適用	83
●5	SmartArtグラフィックの図形の書式設定	85
●6	SmartArtグラフィックのサイズ変更	86

■第5章　スライドショーの実行----------------------------------- 88

Step1　スライドショーを実行する ----------------------------- 89
●1　スライドショー　…………………………………… 89
●2　スライドショーの実行　………………………………… 89

Step2　アニメーションを設定する----------------------------- 92
●1　アニメーション　………………………………… 92
●2　アニメーションの設定　………………………………… 93
●3　効果のオプションの設定　………………………………… 95

Step3　画面切り替え効果を設定する ------------------------- 96
●1　画面切り替え効果　………………………………… 96
●2　画面切り替え効果の設定　………………………………… 96

Step4　プレゼンテーションを印刷する ------------------------- 99
●1　印刷のレイアウト　………………………………… 99
●2　ノートの入力　………………………………… 101
●3　ノートの印刷　………………………………… 102

Step5　発表者ツールを使用する -----------------------------104
●1　発表者ツール…………………………………… 104
●2　発表者ツールの使用　………………………………… 105
●3　発表者ツールの画面構成　………………………………… 107
●4　スライドショーの実行　………………………………… 108
●5　目的のスライドへジャンプ　………………………………… 110

■総合問題 --- 112

総合問題1 --113

総合問題2 --116

総合問題3 --119

総合問題4 --121

総合問題5 --124

iv

■総合問題 解答 --- 126

総合問題解答 --- 127

■付録1 Windows 10の基礎知識 ----------------------------- 136

Step1 Windowsの概要 ----------------------------------137
- ●1 Windowsとは 137
- ●2 Windows 10とは 137

Step2 マウス操作とタッチ操作----------------------------138
- ●1 マウス操作 138
- ●2 タッチ操作 139

Step3 Windows 10を起動する -------------------------140
- ●1 Windows 10の起動 140

Step4 Windowsの画面構成----------------------------141
- ●1 デスクトップの画面構成 141
- ●2 スタートメニューの表示 142
- ●3 スタートメニューの確認 143

Step5 ウィンドウを操作する-----------------------------144
- ●1 アプリの起動 144
- ●2 ウィンドウの画面構成 146
- ●3 ウィンドウの最大化 147
- ●4 ウィンドウの最小化 148
- ●5 ウィンドウの移動 149
- ●6 ウィンドウのサイズ変更 150
- ●7 アプリの終了 152

Step6 ファイルを操作する------------------------------153
- ●1 ファイル管理 153
- ●2 ファイルのコピー 153
- ●3 ファイルの削除 155

Step7 Windows 10を終了する------------------------159
- ●1 Windows 10の終了 159

■付録2 Office 2019の基礎知識 -------------------------- 160

Step1　コマンドを実行する-------------------------------161
- ●1　コマンドの実行 ……………………………………… 161
- ●2　リボン …………………………………………………… 161
- ●3　バックステージビュー ……………………………… 164
- ●4　ミニツールバー ……………………………………… 165
- ●5　クイックアクセスツールバー ……………………… 165
- ●6　ショートカットメニュー …………………………… 166
- ●7　ショートカットキー ………………………………… 166

Step2　タッチモードに切り替える -----------------------167
- ●1　タッチ対応ディスプレイ …………………………… 167
- ●2　タッチモードへの切り替え ………………………… 167

Step3　タッチで操作する ---------------------------------169
- ●1　タッチの基本操作 …………………………………… 169
- ●2　タップ ………………………………………………… 169
- ●3　スワイプ ……………………………………………… 170
- ●4　ピンチとストレッチ ………………………………… 172
- ●5　スライド ……………………………………………… 173
- ●6　長押し ………………………………………………… 174

Step4　タッチキーボードを利用する----------------------175
- ●1　タッチキーボード …………………………………… 175

Step5　タッチで範囲を選択する -------------------------179
- ●1　スライドの選択 ……………………………………… 179
- ●2　プレースホルダー内の文字の選択 ………………… 181
- ●3　オブジェクトの選択 ………………………………… 182

Step6　操作アシストを利用する -------------------------183
- ●1　操作アシスト ………………………………………… 183
- ●2　操作アシストを使ったコマンドの実行……………… 183
- ●3　操作アシストを使ったヘルプ機能の実行 ………… 185

■索引 -- 186

本書をご利用いただく前に

本書で学習を進める前に、ご一読ください。

1 本書の記述について

操作の説明のために使用している記号には、次のような意味があります。

記述	意味	例
☐	キーボード上のキーを示します。	[Ctrl] [Enter]
☐＋☐	複数のキーを押す操作を示します。	[Ctrl]＋[End] （[Ctrl]を押しながら[End]を押す）
《　》	ダイアログボックス名やタブ名、項目名など画面の表示を示します。	《ファイルを開く》ダイアログボックスが表示されます。 《挿入》タブを選択します。
「　」	重要な語句や機能名、画面の表示、入力する文字などを示します。	「プレゼンテーション」といいます。 「ご案内」と入力します。

 学習の前に開くファイル

 学習した内容の確認問題

 知っておくべき重要な内容

 確認問題の答え

 知っていると便利な内容

Hint! 問題を解くためのヒント

※ 補足的な内容や注意すべき内容

2 製品名の記載について

本書では、次の名称を使用しています。

正式名称	本書で使用している名称
Windows 10	Windows 10 または Windows
Microsoft PowerPoint 2019	PowerPoint 2019 または PowerPoint

3 学習環境について

本書を学習するには、次のソフトウェアが必要です。
また、インターネットに接続できる環境で学習することを前提にしています。

● PowerPoint 2019

本書を開発した環境は、次のとおりです。
・OS：Windows 10（ビルド18362.295）
・アプリ：Microsoft Office Professional Plus 2019(16.0.10346.20002)
　　　　　Microsoft PowerPoint 2019
・ディスプレイ：画面解像度　1024×768ピクセル
※環境によっては、画面の表示が異なる場合や記載の機能が操作できない場合があります。

◆画面解像度の設定
画面解像度を本書と同様に設定する方法は、次のとおりです。
①デスクトップの空き領域を右クリックします。
②《ディスプレイ設定》をクリックします。
③《ディスプレイの解像度》の∨をクリックし、一覧から《1024×768》を選択します。
※確認メッセージが表示される場合は、《変更の維持》をクリックします。

◆ボタンの形状
ディスプレイの画面解像度やウィンドウのサイズなど、お使いの環境によって、ボタンの形状やサイズ、位置が異なる場合があります。ボタンの操作は、ポップヒントに表示されるボタン名を確認してください。
※本書に掲載しているボタンは、ディスプレイの画面解像度を「1024×768ピクセル」、ウィンドウを最大化した環境を基準にしています。

◆スタイルや色の名前
本書発行後のWindowsやOfficeのアップデートによって、ポップヒントに表示されるスタイルや色などの項目の名前が変更される場合があります。本書に記載されている項目名が一覧にない場合は、掲載画面の色が付いている位置を参考に選択してください。

👉POINT Office製品の種類

Microsoftが提供するOfficeには「Officeボリュームライセンス」「プレインストール版」「パッケージ版」「Office365」などがあり、種類によってアップデートの時期や画面が異なることがあります。
※本書は、Officeボリュームライセンスをもとに開発しています。

●Office365版で《挿入》タブを選択した状態（2019年9月現在）

4 学習ファイルのダウンロードについて

本書で使用するファイルは、FOM出版のホームページで提供しています。
ダウンロードしてご利用ください。

ホームページ・アドレス

https://www.fom.fujitsu.com/goods/

ホームページ検索用キーワード

FOM出版

◆ダウンロード

学習ファイルをダウンロードする方法は、次のとおりです。
① ブラウザーを起動し、FOM出版のホームページを表示します。
※アドレスを直接入力するか、キーワードでホームページを検索します。
②《ダウンロード》をクリックします。
③《アプリケーション》の《PowerPoint》をクリックします。
④《初心者のためのPowerPoint 2019 FPT1914》をクリックします。
⑤「fpt1914.zip」をクリックします。
⑥ ダウンロードが完了したら、ブラウザーを終了します。
※ダウンロードしたファイルは、パソコン内のフォルダー「ダウンロード」に保存されます。

◆ダウンロードしたファイルの解凍

ダウンロードしたファイルは圧縮されているので、解凍(展開)します。ダウンロードしたファイル「fpt1914.zip」を《ドキュメント》に解凍する方法は、次のとおりです。

① デスクトップ画面を表示します。
② タスクバーの ■ (エクスプローラー)をクリックします。

③《ダウンロード》をクリックします。
※《ダウンロード》が表示されていない場合は、《PC》をダブルクリックします。
④ ファイル「fpt1914」を右クリックします。
⑤《すべて展開》をクリックします。

⑥《参照》をクリックします。

⑦《ドキュメント》をクリックします。
※《ドキュメント》が表示されていない場合は、《PC》をダブルクリックします。
⑧《フォルダーの選択》をクリックします。

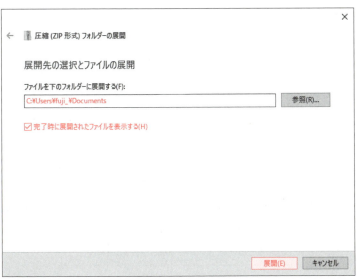

《ファイルを下のフォルダーに展開する》が「C：¥Users¥（ユーザー名）¥Documents」に変更されます。
⑨《完了時に展開されたファイルを表示する》を☑にします。
⑩《展開》をクリックします。

ファイルが解凍され、《ドキュメント》が開かれます。
⑪フォルダー「初心者のためのPowerPoint2019」が表示されていることを確認します。
※すべてのウィンドウを閉じておきましょう。

◆学習ファイルの一覧

フォルダー「初心者のためのPowerPoint2019」には、学習ファイルが入っています。タスクバーの ■ （エクスプローラー）→《PC》→《ドキュメント》をクリックし、一覧からフォルダーを開いて確認してください。

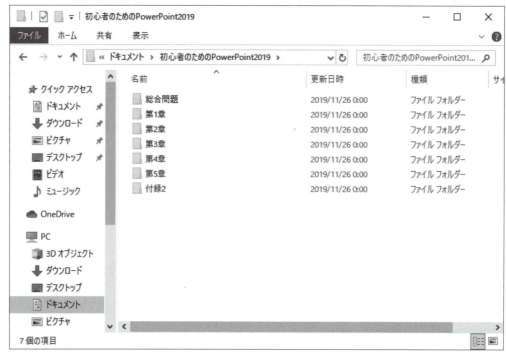

※フォルダー「第2章」は空の状態です。作成したファイルを保存する際に使用します。

◆学習ファイルの場所

本書では、学習ファイルの場所を《ドキュメント》内のフォルダー「**初心者のためのPowerPoint2019**」としています。《ドキュメント》以外の場所に解凍した場合は、フォルダーを読み替えてください。

◆学習ファイル利用時の注意事項

ダウンロードした学習ファイルを開く際、そのファイルが安全かどうかを確認するメッセージが表示される場合があります。学習ファイルは安全なので、《**編集を有効にする**》をクリックして、編集可能な状態にしてください。

5 本書の最新情報について

本書に関する最新のQ＆A情報や訂正情報、重要なお知らせなどについては、FOM出版のホームページでご確認ください。

ホームページ・アドレス

> https://www.fom.fujitsu.com/goods/

ホームページ検索用キーワード

> FOM出版

第1章

PowerPointの基礎知識

Step1	PowerPointの概要	7
Step2	PowerPointを起動する	11
Step3	プレゼンテーションを開く	13
Step4	PowerPointの画面構成	16
Step5	プレゼンテーションを閉じる	22
Step6	PowerPointを終了する	23

Step1 PowerPointの概要

1 PowerPointの概要

企画や商品の説明、研究や調査の発表など、ビジネスの様々な場面でプレゼンテーションは行われています。プレゼンテーションの内容を聞き手にわかりやすく伝えるためには、口頭で説明するだけでなく、スライドを見てもらいながら説明するのが一般的です。
「PowerPoint」は、訴求力のあるスライドを簡単に作成し、効果的なプレゼンテーションを行うためのプレゼンテーションソフトです。
PowerPointには、主に次のような機能があります。

1 効果的なスライドの作成

あらかじめ用意されている**「プレースホルダー」**と呼ばれる領域に、文字を入力するだけで、タイトルや箇条書きが配置されたスライドを作成できます。

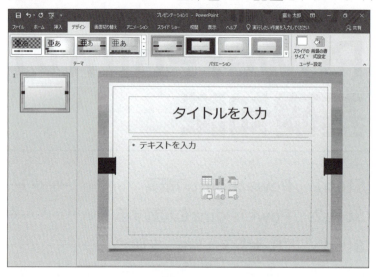

2 表の作成

スライドに**「表」**を作成して、データを読み取りやすくすることができます。

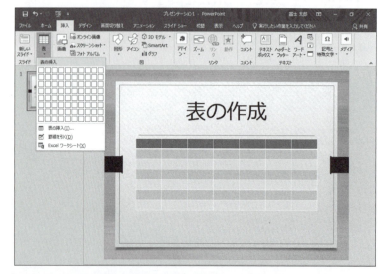

3 図解の作成

「SmartArtグラフィック」の機能を使って、スライドに簡単に図解を配置できます。また、様々な図形を組み合わせて、ユーザーが独自に図解を作成することもできます。図解を使うと、文字だけの箇条書きで表現するより、聞き手に直感的に理解してもらうことができます。

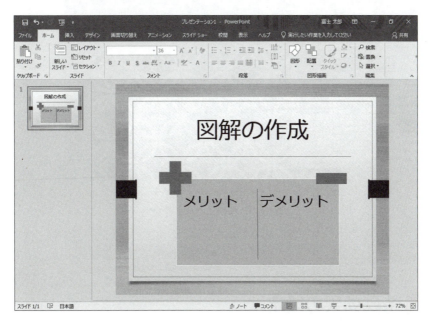

4 画像の挿入

スライドには、「**画像**」を配置できます。
デジタルカメラで撮影した写真を挿入し、影やぼかしなどの効果を付けることもできます。

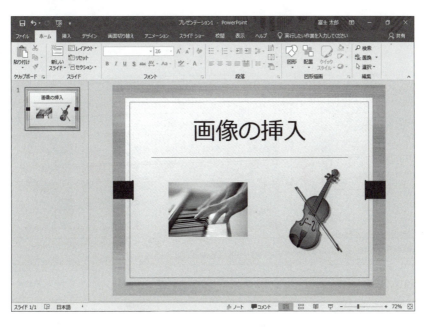

5 洗練されたデザインの利用

「**テーマ**」の機能を使って、すべてのスライドに一貫性のある洗練されたデザインを適用できます。また、「**スタイル**」の機能を使って、表・SmartArtグラフィック・図形などの各要素に洗練されたデザインを瞬時に適用できます。

6 特殊効果の設定

「**アニメーション**」や「**画面切り替え効果**」を使って、スライドに動きを加えることができます。見る人を引きつける効果的なプレゼンテーションを作成できます。

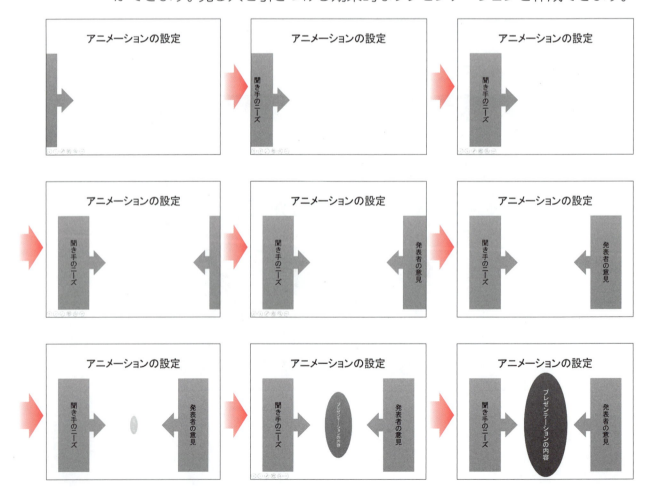

7 プレゼンテーションの実施

「スライドショー」の機能を使って、プレゼンテーションを行うことができます。プロジェクターに投影したり、パソコンの画面に表示したりして、指し示しながら説明できます。

8 発表者用ノートや配布資料の作成

プレゼンテーションを行う際の補足説明を記入した発表者用の**「ノート」**や、聞き手に事前に配布する**「配布資料」**を印刷できます。

●ノート　　　　　　　　　　　●配布資料

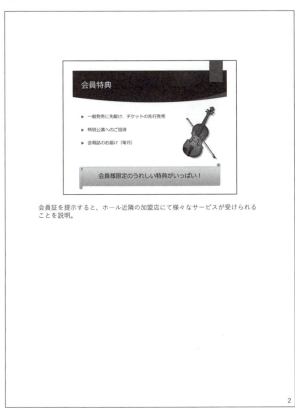

Step2 PowerPointを起動する

1 PowerPointの起動

PowerPointを起動しましょう。

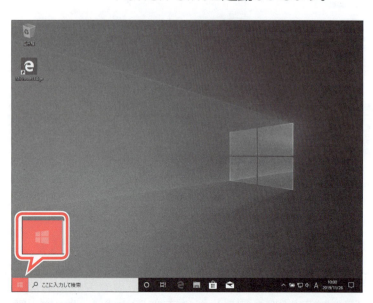

① ■（スタート）をクリックします。

スタートメニューが表示されます。
②《PowerPoint》をクリックします。
※表示されていない場合は、スクロールして調整します。

PowerPointが起動し、PowerPointのスタート画面が表示されます。
③ タスクバーにPowerPointのアイコンが表示されていることを確認します。
※お使いの環境によって、表示が異なる場合があります。
※ウィンドウが最大化されていない場合は、□（最大化）をクリックしておきましょう。

2 PowerPointのスタート画面

PowerPointが起動すると、「スタート画面」が表示されます。
スタート画面でこれから行う作業を選択します。スタート画面を確認しましょう。
※お使いの環境によって、表示が異なる場合があります。

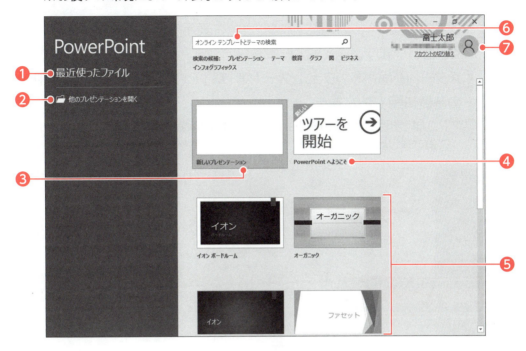

❶最近使ったファイル
最近開いたプレゼンテーションがある場合、その一覧が表示されます。
一覧から選択すると、プレゼンテーションが開かれます。

❷他のプレゼンテーションを開く
すでに保存済みのプレゼンテーションを開く場合に使います。

❸新しいプレゼンテーション
新しいプレゼンテーションを作成します。
デザインされていない白紙のスライドが表示されます。

❹PowerPointへようこそ
PowerPoint 2019の新機能を紹介するプレゼンテーションが開かれます。

❺その他のプレゼンテーション
新しいプレゼンテーションを作成します。
あらかじめデザインされたスライドが表示されます。

❻検索ボックス
あらかじめデザインされたプレゼンテーションをインターネット上から検索する場合に使います。

❼Microsoftアカウントのユーザー情報
Microsoftアカウントでサインインしている場合、その表示名やメールアドレスなどが表示されます。
※サインインしなくても、PowerPointを利用できます。

POINT サインイン・サインアウト

「サインイン」とは、正規のユーザーであることを証明し、サービスを利用できる状態にする操作です。
「サインアウト」とは、サービスの利用を終了する操作です。

Step3 プレゼンテーションを開く

1 プレゼンテーションを開く

保存されているプレゼンテーションを表示することを「**プレゼンテーションを開く**」といいます。

スタート画面から、フォルダー「**第1章**」のプレゼンテーション「**PowerPointの基礎知識**」を開きましょう。

※P.3「4 学習ファイルのダウンロードについて」を参考に、使用するファイルをダウンロードしておきましょう。

①スタート画面が表示されていることを確認します。

②**《他のプレゼンテーションを開く》**をクリックします。

※《他のプレゼンテーションを開く》が表示されていない場合は、《開く》をクリックします。

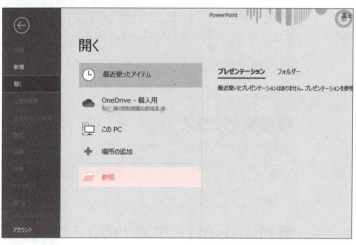

プレゼンテーションが保存されている場所を選択します。

③**《参照》**をクリックします。

《ファイルを開く》ダイアログボックスが表示されます。

④**《ドキュメント》**が開かれていることを確認します。

※《ドキュメント》が開かれていない場合は、《PC》→《ドキュメント》を選択します。

⑤一覧から「**初心者のためのPowerPoint2019**」を選択します。

⑥**《開く》**をクリックします。

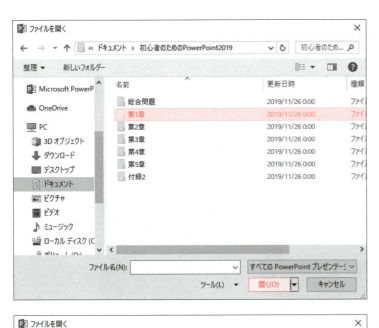

⑦ 一覧から「**第1章**」を選択します。
⑧《**開く**》をクリックします。

開くプレゼンテーションを選択します。
⑨ 一覧から「**PowerPointの基礎知識**」を選択します。
⑩《**開く**》をクリックします。

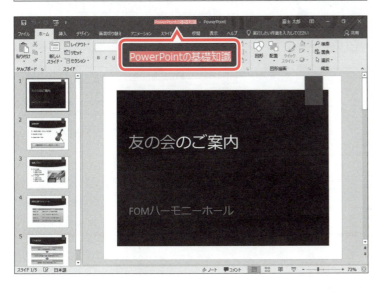

プレゼンテーションが開かれます。
⑪ タイトルバーにプレゼンテーションの名前が表示されていることを確認します。

POINT プレゼンテーションを開く

PowerPointを起動した状態で、保存されているプレゼンテーションを開く方法は、次のとおりです。
◆《ファイル》タブ→《開く》

2 プレゼンテーションとスライド

PowerPointではひとつの発表で使う一連のデータをまとめて、ひとつのファイルで管理します。このファイルを**「プレゼンテーション」**といい、1枚1枚の資料を**「スライド」**といいます。

すべてをまとめて「プレゼンテーション」という

Step4 PowerPointの画面構成

1 PowerPointの画面構成

PowerPointの画面構成を確認しましょう。

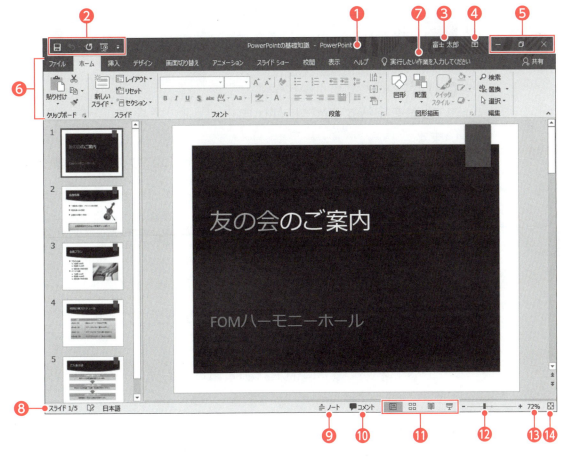

❶タイトルバー
ファイル名やアプリ名が表示されます。

❷クイックアクセスツールバー
よく使うコマンド（作業を進めるための指示）を登録できます。初期の設定では、■（上書き保存）、■（元に戻す）、■（繰り返し）、■（先頭から開始）の4つのコマンドが登録されています。
※タッチ対応のパソコンでは、4つのコマンドのほかに ■（タッチ/マウスモードの切り替え）が登録されています。

❸Microsoftアカウントの表示名
サインインしている場合、表示されます。

❹リボンの表示オプション
リボンの表示方法を変更するときに使います。

16

❺ウィンドウの操作ボタン

⊟（最小化）

ウィンドウが一時的に非表示になり、タスクバーにアイコンで表示されます。

▣（元に戻す（縮小））

ウィンドウが元のサイズに戻ります。

※ ▢（最大化）

ウィンドウを元のサイズに戻すと、▣（元に戻す（縮小））から ▢（最大化）に切り替わります。クリックすると、ウィンドウが最大化されて、画面全体に表示されます。

✕（閉じる）

PowerPointを終了します。

❻リボン

コマンドを実行するときに使います。関連する機能ごとに、タブに分類されています。

※タッチ対応のパソコンでは、《挿入》タブと《デザイン》タブの間に、《描画》タブが表示される場合があります。

❼操作アシスト

機能や用語の意味を調べたり、リボンから探し出せないコマンドをダイレクトに実行したりするときに使います。

❽ステータスバー

スライド番号や選択されている言語などが表示されます。

❾ノート

ノートペイン（スライドに補足説明を書き込む領域）の表示・非表示を切り替えます。

❿コメント

《コメント》作業ウィンドウの表示・非表示を切り替えます。

⓫表示選択ショートカット

表示モードを切り替えるときに使います。

⓬ズームスライダー

⊞（拡大）や ⊟（縮小）をクリックしたり、▮をドラッグしたりして、スライドの表示倍率を変更できます。

⓭ズーム

クリックすると表示される《ズーム》ダイアログボックスで、スライドの表示倍率を変更できます。

⓮現在のウィンドウの大きさに合わせてスライドを拡大または縮小します。

ウィンドウのサイズに合わせて、スライドの表示倍率を自動的に拡大・縮小します。

2 表示モードの切り替え

PowerPointには、次のような表示モードが用意されています。
表示モードを切り替えるには、ステータスバーのボタンをそれぞれクリックします。

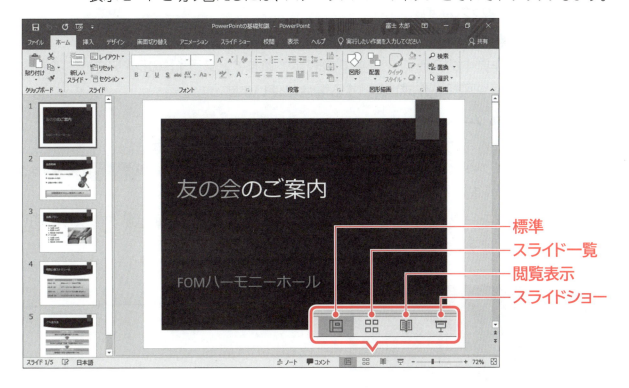

1 標準

スライドに文字を入力したりレイアウトを変更したりする場合に使います。
通常、標準表示モードでプレゼンテーションを作成します。
標準表示モードは、**「ペイン」**と呼ばれる複数の領域で構成されています。

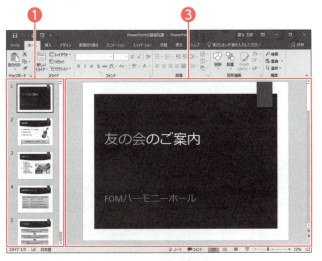
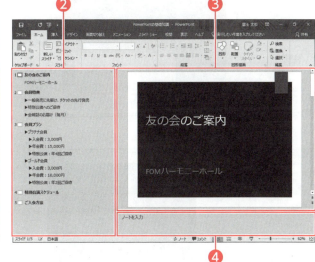

❶サムネイルペイン

スライドのサムネイル（縮小版）が表示されます。スライドの選択や移動、コピーなどを行う場合に使います。

❷アウトラインペイン

すべてのスライドのタイトルと箇条書きが表示されます。プレゼンテーションの構成を考えながら文字を編集したり、内容を確認したりする場合に使います。

※サムネイルペインとアウトラインペインを切り替えるには、ステータスバーの 回 （標準）をクリックします。

❸スライドペイン

作業中のスライドが1枚ずつ表示されます。スライドのレイアウトを変更したり、表や図解を作成したりする場合に使います。

❹ノートペイン

作業中のスライドに補足説明を書き込む場合に使います。

※ノートペインの表示・非表示を切り替えるには、ステータスバーの ≜ノート （ノート）をクリックします。ノートペインを非表示にしておきましょう。

ステータスバーの 回 （標準）をクリックすると、画面が次のように切り替わります。

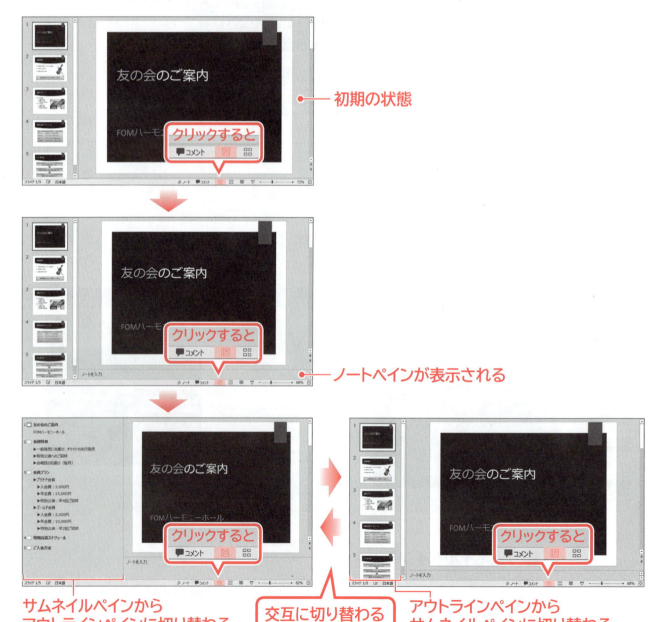

初期の状態

ノートペインが表示される

サムネイルペインから
アウトラインペインに切り替わる

交互に切り替わる

アウトラインペインから
サムネイルペインに切り替わる

2 スライド一覧

すべてのスライドのサムネイルが一覧で表示されます。プレゼンテーション全体の構成やバランスなどを確認できます。スライドの削除や移動、コピーなどにも適しています。

ステータスバーの ▦ （スライド一覧）をクリックすると、**「スライド一覧表示モード」**と**「標準表示モード」**が交互に切り替わります。

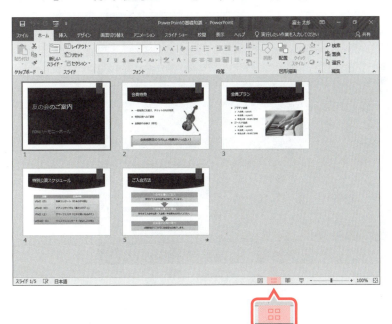

3 閲覧表示

スライドが1枚ずつ画面に大きく表示されます。ステータスバーやタスクバーも表示されるので、ボタンを使ってスライドを切り替えたり、ウィンドウを操作したりすることもできます。設定しているアニメーションや画面切り替え効果などを確認できます。主に、パソコンの画面上でプレゼンテーションを行う場合に使います。

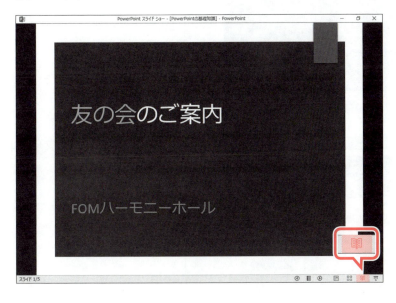

4 スライドショー

スライド1枚だけが画面全体に表示され、ステータスバーやタスクバーは表示されません。設定しているアニメーションや画面切り替え効果などを確認できます。主に、プロジェクターにスライドを投影して、聴講形式のプレゼンテーションを行う場合に使います。

※スライドショーから元の表示モードに戻すには、Escを押します。

3 スライドの切り替え

スライドペインに表示するスライドを切り替えるには、サムネイルペインから目的のスライドをクリックします。スライド4に切り替えましょう。

① サムネイルペインの一覧からスライド4を選択します。

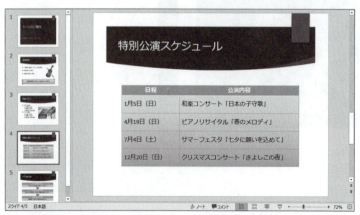

スライドペインにスライド4が表示されます。

Step 5 プレゼンテーションを閉じる

1 プレゼンテーションを閉じる

開いているプレゼンテーションの作業を終了することを「**プレゼンテーションを閉じる**」といいます。
プレゼンテーション「**PowerPointの基礎知識**」を閉じましょう。

①《ファイル》タブを選択します。

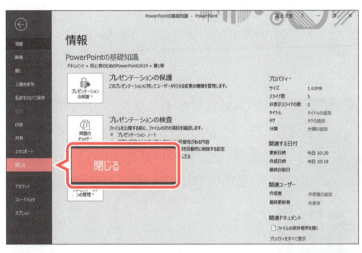

②《閉じる》をクリックします。

プレゼンテーションが閉じられます。

STEP UP プレゼンテーションを変更して保存せずに閉じた場合

プレゼンテーションの内容を変更して保存せずに閉じると、保存するかどうかを選択するメッセージが表示されます。
※お使いの環境によって、表示される画面が異なることがあります。

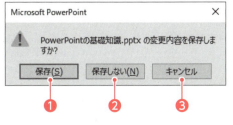

❶**保存**
プレゼンテーションを保存し、閉じます。
❷**保存しない**
プレゼンテーションを保存せずに、閉じます。
❸**キャンセル**
プレゼンテーションを閉じる操作を取り消します。

Step6 PowerPointを終了する

1 PowerPointの終了

PowerPointを終了しましょう。

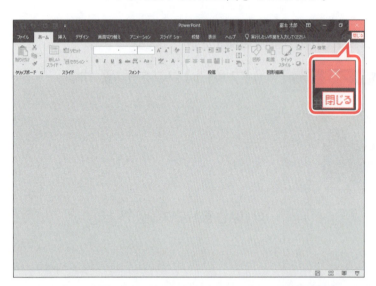

① ✕ （閉じる）をクリックします。

PowerPointのウィンドウが閉じられ、PowerPointが終了します。
② タスクバーからPowerPointのアイコンが消えていることを確認します。

第2章

プレゼンテーションの作成

Step1	作成するプレゼンテーションを確認する	25
Step2	新しいプレゼンテーションを作成する	26
Step3	プレースホルダーを操作する	31
Step4	スライドを挿入する	40
Step5	箇条書きテキストを入力する	43
Step6	プレゼンテーションの構成を変更する	46
Step7	プレゼンテーションを保存する	50

Step 1 作成するプレゼンテーションを確認する

1 作成するプレゼンテーションの確認

次のようなプレゼンテーションを作成しましょう。

1枚目

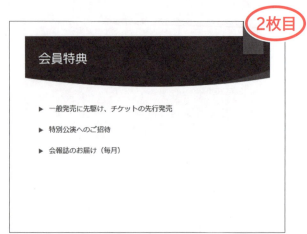
2枚目

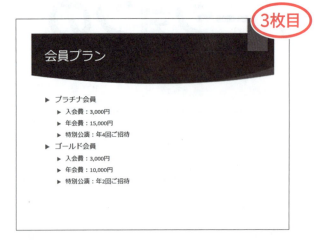
3枚目

4枚目

5枚目

Step 2 新しいプレゼンテーションを作成する

1 新しいプレゼンテーションの作成

PowerPointを起動し、新しいプレゼンテーションを作成しましょう。

①PowerPointを起動し、PowerPointのスタート画面を表示します。
※ ⊞ (スタート)→《PowerPoint》をクリックします。

②《新しいプレゼンテーション》をクリックします。

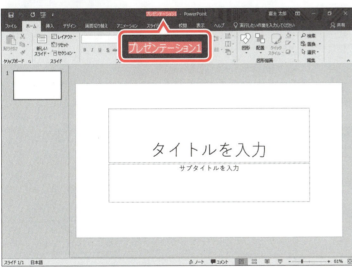

新しいプレゼンテーションが開かれ、1枚目のスライドが表示されます。

③タイトルバーに「プレゼンテーション1」と表示されていることを確認します。

※《デザインアイデア》が表示された場合は、《デザインアイデア》の × (閉じる)をクリックして、閉じておきましょう。

POINT 新しいプレゼンテーションの作成

PowerPointを起動した状態で、新しいプレゼンテーションを作成する方法は、次のとおりです。

◆《ファイル》タブ→《新規》→《新しいプレゼンテーション》

26

2 スライドの縦横比の設定

初期の設定では、スライドの縦横比は**「ワイド画面（16：9）」**になっています。プレゼンテーションを実施するモニターがあらかじめわかっている場合には、スライドの縦横比をモニターの縦横比に合わせて作成しておくとよいでしょう。
スライドの縦横比を**「標準（4：3）」**に設定しましょう。

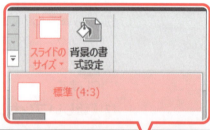

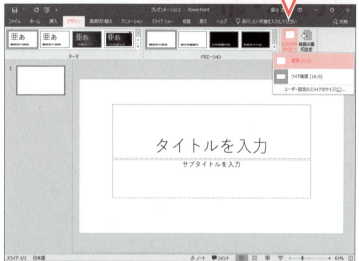

①《デザイン》タブを選択します。
②《ユーザー設定》グループの (スライドのサイズ)をクリックします。
③《標準（4：3）》をクリックします。

スライドの縦横比が変更されます。

3 テーマの適用

「**テーマ**」とは、配色・フォント・効果などのデザインを組み合わせたものです。テーマを適用すると、プレゼンテーション全体のデザインを一括して変更できます。スライドごとにひとつずつ書式を設定する手間を省くことができ、統一感のある洗練されたプレゼンテーションを簡単に作成できます。

プレゼンテーションにテーマ**「イオンボードルーム」**を適用しましょう。

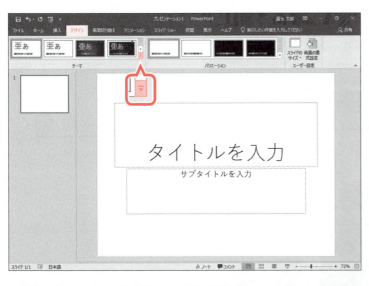

①《デザイン》タブを選択します。
②《テーマ》グループの ▼ (その他) をクリックします。

③《Office》の《イオンボードルーム》をクリックします。
※一覧のテーマをポイントすると、適用結果がスライドで確認できます。

STEP UP リアルタイムプレビュー

「リアルタイムプレビュー」とは、一覧の選択肢をポイントして、設定後の結果を確認できる機能です。設定前に確認できるため、繰り返し設定しなおす手間を省くことができます。

プレゼンテーションにテーマが適用されます。

4 テーマのバリエーションの設定

それぞれのテーマには、いくつかのバリエーションが用意されており、デザインを簡単にアレンジできます。また、**「配色」「フォント」「効果」「背景のスタイル」**を個別に設定して、オリジナルにアレンジすることも可能です。
プレゼンテーションに適用したテーマの配色とフォントを次のように変更しましょう。

```
配色   ：青
フォント：Calibri　メイリオ　メイリオ
```

①《デザイン》タブを選択します。
②《バリエーション》グループの ▽ (その他)をクリックします。

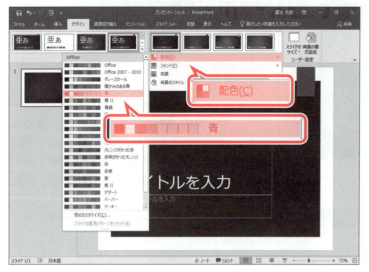

③《配色》をポイントし、《青》をクリックします。

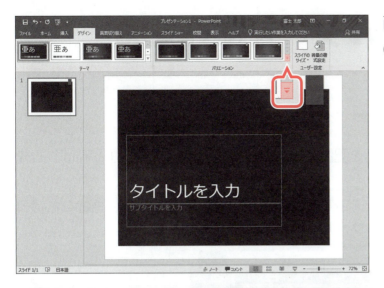

配色が変更されます。

④《バリエーション》グループの ▼ (その他)をクリックします。

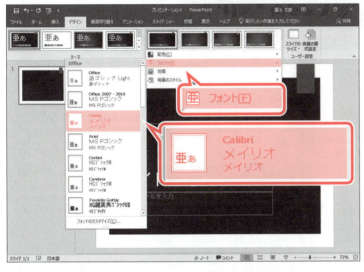

⑤《フォント》をポイントし、《Calibri　メイリオ　メイリオ》をクリックします。

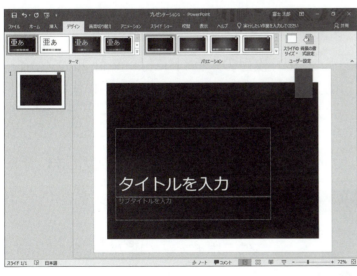

フォントが変更されます。

Step 3 プレースホルダーを操作する

1 プレースホルダー

スライドには、様々な要素を配置するための**「プレースホルダー」**と呼ばれる枠が用意されています。
タイトルを入力するプレースホルダーのほかに、箇条書きや表、画像などのコンテンツを配置するプレースホルダーもあります。

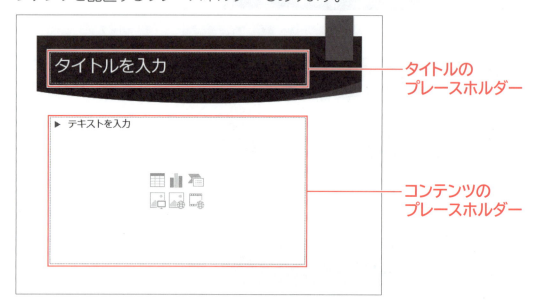

2 タイトルとサブタイトルの入力

新規に作成したプレゼンテーションの1枚目のスライドには、タイトルのスライドが表示されます。この1枚目のスライドを**「タイトルスライド」**といいます。タイトルスライドには、タイトルとサブタイトルを入力するためのプレースホルダーが用意されています。
タイトルスライドのプレースホルダーに、タイトルとサブタイトルを入力しましょう。

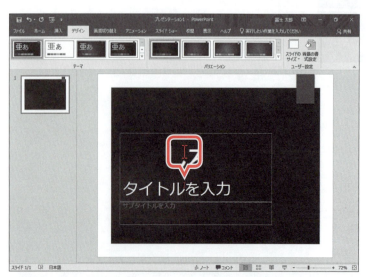

①**《タイトルを入力》**の文字をポイントします。
マウスポインターの形が I に変わります。
②クリックします。

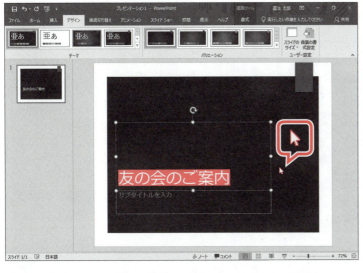

プレースホルダー内にカーソルが表示されます。

③**「友の会のご案内」**と入力します。

※文字を入力し、確定後に Enter を押すと、プレースホルダー内で改行されます。誤って改行した場合は、Back Space を押します。

④プレースホルダー以外の場所をポイントします。

マウスポインターの形が に変わります。

⑤クリックします。

タイトルが確定されます。

⑥**《サブタイトルを入力》**をクリックします。

⑦**「FOMハーモニーホール」**と入力します。

※英字は半角で入力します。

⑧プレースホルダー以外の場所をクリックします。

サブタイトルが確定されます。

3 プレースホルダーの選択

プレースホルダーを移動したり書式を設定したりするには、プレースホルダーを選択して操作します。
プレースホルダーを選択する方法と選択を解除する方法を確認しましょう。

① タイトルの文字をポイントします。
マウスポインターの形がIに変わります。
② クリックします。

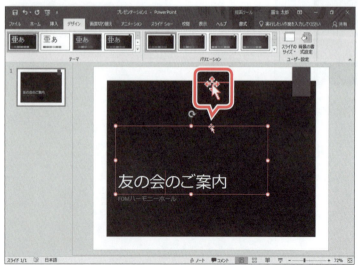

プレースホルダー内にカーソルが表示されます。
③ プレースホルダーの枠線が点線になり、周囲に○（ハンドル）が表示されていることを確認します。
④ プレースホルダーの枠線をポイントします。
マウスポインターの形が に変わります。
⑤ クリックします。

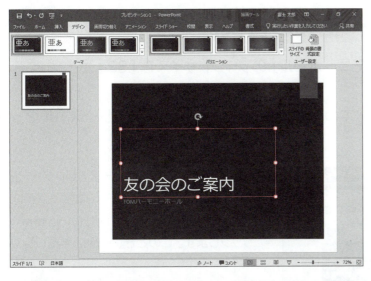

プレースホルダーが選択されます。

⑥ カーソルが消え、プレースホルダーの枠線が実線で表示されていることを確認します。

⑦ プレースホルダー以外の場所をクリックします。

プレースホルダーの選択が解除され、枠線と周囲の○（ハンドル）が消えます。

STEP UP プレースホルダーの枠線

プレースホルダー内をクリックすると、カーソルが表示され、枠線が点線になります。この状態のとき、文字を入力したり文字の一部に書式を設定したりできます。

プレースホルダーの枠線をクリックすると、プレースホルダーが選択され、枠線が実線になります。この状態のとき、プレースホルダー内のすべての文字に書式を設定できます。

●プレースホルダー内にカーソルがある状態

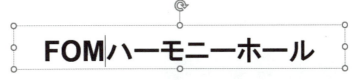

●プレースホルダーが選択されている状態

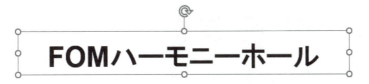

34

4 プレースホルダー全体の書式設定

サブタイトル「FOMハーモニーホール」のフォントサイズを「32」ポイントに変更しましょう。
プレースホルダー内のすべての文字の書式を設定する場合、プレースホルダーを選択しておきます。

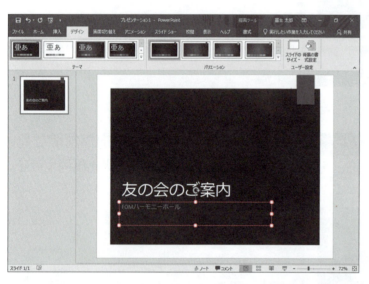

①サブタイトルのプレースホルダーを選択します。

※サブタイトルの文字をクリックし、枠線をクリックします。このとき、枠線は実線になります。

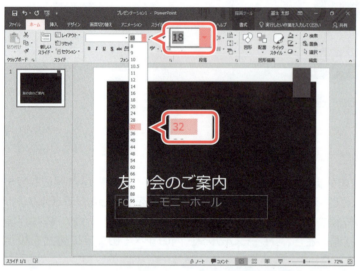

②《ホーム》タブを選択します。
③《フォント》グループの 18 （フォントサイズ）の をクリックし、一覧から《32》を選択します。

サブタイトルのフォントサイズが変更されます。

5 プレースホルダーの部分的な書式設定

プレースホルダーを選択した状態で書式を設定すると、プレースホルダー内のすべての文字が設定の対象となります。プレースホルダー内の一部の文字だけに書式を設定するには、対象の文字を範囲選択しておきます。
タイトル「**友の会のご案内**」の「**友の会**」のフォントの色を「**オレンジ**」に変更しましょう。

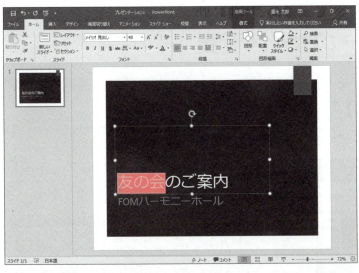

①「**友の会**」を範囲選択します。
※マウスポインターの形がIの状態でドラッグします。このとき、枠線は点線になります。

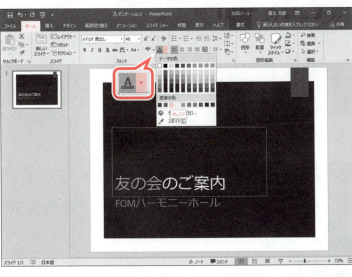

②《**ホーム**》タブを選択します。
③《**フォント**》グループの（フォントの色）の　をクリックします。
④《**標準の色**》の《**オレンジ**》をクリックします。

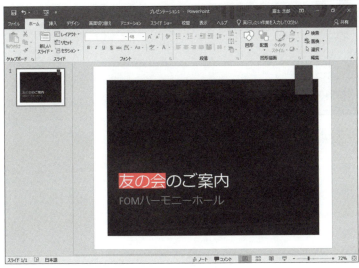

「**友の会**」のフォントの色が変更されます。
※プレースホルダー以外の場所をクリックし、選択を解除して、フォントの色を確認しておきましょう。

STEP UP ミニツールバー

文字を範囲選択すると、文字の近くに「ミニツールバー」が表示されます。
ミニツールバーには、文字の書式を設定する際によく利用するボタンが用意されています。

6 プレースホルダーのサイズ変更

プレースホルダーのサイズを変更するには、プレースホルダーを選択し、周囲に表示される○（ハンドル）をドラッグします。
タイトルのプレースホルダーのサイズを変更しましょう。

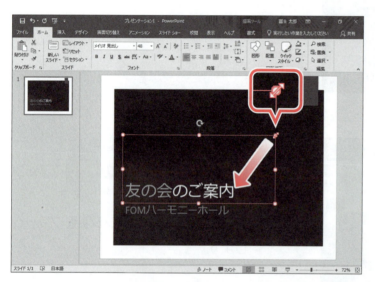

①タイトルのプレースホルダーを選択します。
②プレースホルダーの右上の○（ハンドル）をポイントします。
マウスポインターの形が ⤢ に変わります。
③図のようにドラッグします。

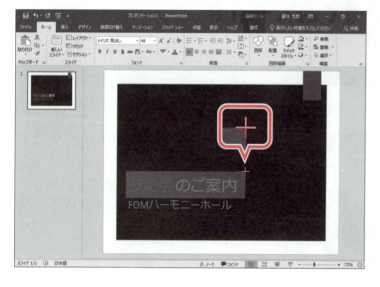

ドラッグ中、マウスポインターの形が ✚ に変わります。

マウスから手を離すと、プレースホルダーのサイズが変更されます。

STEP UP 自動調整オプション

プレースホルダーのサイズを文字のサイズより小さくし、プレースホルダー内をクリックすると、プレースホルダーの周囲に （自動調整オプション）が表示されます。ボタンをクリックすると、文字のサイズをどのように調整するかを選択できます。

7　プレースホルダーの移動

プレースホルダーを移動するには、プレースホルダーの枠線をドラッグします。タイトルのプレースホルダーを移動しましょう。

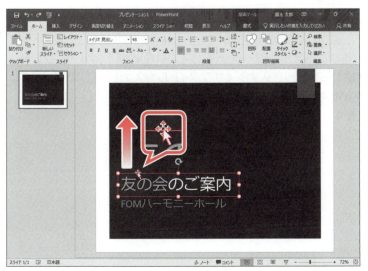

①タイトルのプレースホルダーが選択されていることを確認します。
②プレースホルダーの枠線をポイントします。

マウスポインターの形が に変わります。

③図のようにドラッグします。

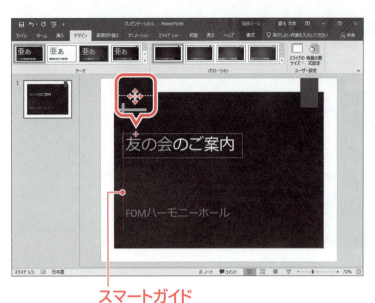

ドラッグ中、マウスポインターの形が✥に変わります。

スマートガイド

プレースホルダーが移動します。
※プレースホルダー以外の場所をクリックし、選択を解除しておきましょう。

POINT スマートガイド

プレースホルダーや画像など複数のオブジェクトが配置されているスライドで、オブジェクトを移動する際、赤い点線が表示されます。これを「スマートガイド」といいます。配置されているオブジェクトの位置をそろえるのに役立ちます。

STEP UP プレースホルダーのリセットと削除

文字が入力されているプレースホルダーを選択して、Deleteを押すと、プレースホルダーが初期の状態（《タイトルを入力》《サブタイトルを入力》など）に戻ります。初期の状態のプレースホルダーを選択して、Deleteを押すと、プレースホルダーそのものが削除されます。

Step 4 スライドを挿入する

1 スライドのレイアウト

スライドには、様々な種類のレイアウトが用意されており、スライドを挿入するときに選択できます。新しくスライドを挿入するときは、作成するスライドのイメージに近いレイアウトを選択すると効率的です。

●タイトルとコンテンツ
タイトルのプレースホルダーと、コンテンツのプレースホルダーが配置されています。

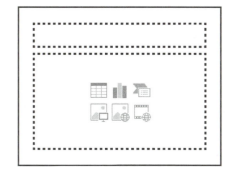

●2つのコンテンツ
タイトルのプレースホルダーと、2つのコンテンツのプレースホルダーが配置されています。

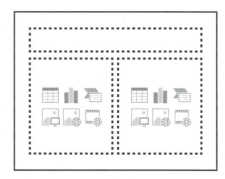

●タイトルのみ
タイトルのプレースホルダーだけが配置されています。

2 スライドの挿入

スライド1の後ろに、新しいスライドを挿入しましょう。
スライドのレイアウトは、「**タイトルとコンテンツ**」にします。

①《**ホーム**》タブを選択します。
②《**スライド**》グループの (新しいスライド)の をクリックします。
③《**タイトルとコンテンツ**》をクリックします。

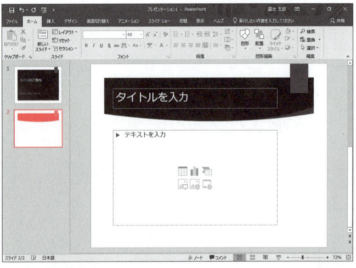

スライド2が挿入されます。

POINT スライドの挿入位置

新しいスライドは、選択されているスライドの後ろに挿入されます。

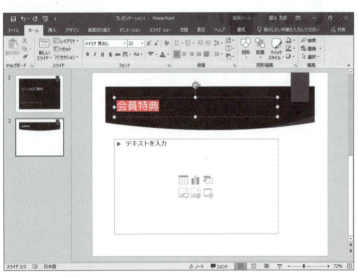

スライドのタイトルを入力します。
④《**タイトルを入力**》をクリックし、「**会員特典**」と入力します。
※プレースホルダー以外の場所をクリックし、入力を確定しておきましょう。

⑤《スライド》グループの ▣ （新しいスライド）をクリックします。

直前に挿入したスライドと同じレイアウトのスライドが挿入されます。

⑥《タイトルを入力》をクリックし、「**会員プラン**」と入力します。

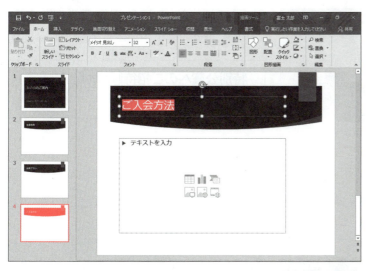

⑦同様に、スライド4を挿入し、タイトルに「**ご入会方法**」と入力します。

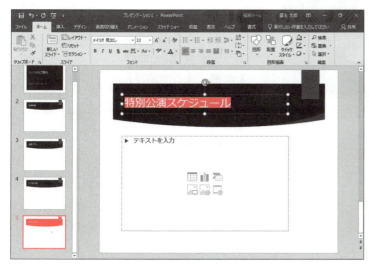

⑧同様に、スライド5を挿入し、タイトルに「**特別公演スケジュール**」と入力します。

STEP UP スライドのレイアウトの変更

スライドのレイアウトは、あとから変更することもできます。

◆スライドを選択→《ホーム》タブ→《スライド》グループの ▣ レイアウト ▾ （スライドのレイアウト）

Step 5 箇条書きテキストを入力する

1 箇条書きテキストの入力

PowerPointでは、箇条書きの文字のことを「**箇条書きテキスト**」といいます。スライド2とスライド3に、箇条書きテキストを入力しましょう。

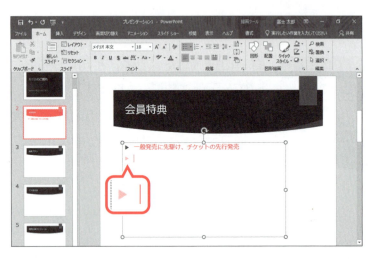

① スライド2を選択します。
②《**テキストを入力**》をクリックします。
③「**一般発売に先駆け、チケットの先行発売**」と入力します。
④ Enter を押します。
改行されて、次の行に行頭文字が表示されます。

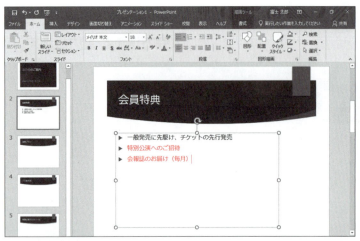

⑤ 同様に、次の箇条書きテキストを入力します。

```
特別公演へのご招待 Enter
会報誌のお届け（毎月）
```

⑥ スライド3を選択します。
⑦ 次の箇条書きテキストを入力します。

※数字は半角で入力します。

STEP UP 箇条書きテキストの改行

箇条書きテキストは Enter を押して改行すると、次の行に行頭文字が表示され、新しい項目が入力できる状態になります。
行頭文字を表示せずに前の行の続きの項目として扱うには、 Shift + Enter を押して改行します。

2 箇条書きテキストのレベル下げ

箇条書きテキストのレベルは、上げたり下げたりできます。
スライド3の箇条書きテキストの2～4行目と6～8行目のレベルを1段階下げましょう。

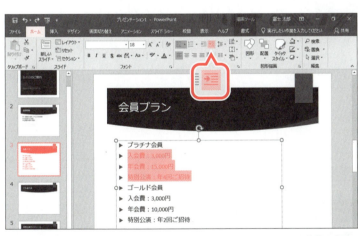

①スライド3を選択します。
②2～4行目の箇条書きテキストを選択します。
③《ホーム》タブを選択します。
④《段落》グループの 📝 （インデントを増やす）をクリックします。

箇条書きテキストのレベルが1段階下がります。
⑤同様に、6～8行目のレベルを1段階下げます。

👉 POINT 箇条書きテキストのレベル上げ

箇条書きテキストのレベルを上げる方法は、次のとおりです。
◆《ホーム》タブ→《段落》グループの 📝 （インデントを減らす）

44

3 行間の設定

行間が詰まって文字が読みにくい場合や、スライドの余白が広くてバランスが悪い場合には、箇条書きテキストの行間を調整します。
スライド2の箇条書きテキストの行間を標準の2倍に拡大しましょう。

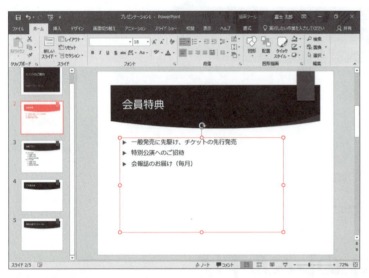

① スライド2を選択します。
② コンテンツのプレースホルダーを選択します。
※プレースホルダー内をクリックし、枠線をクリックします。このとき、枠線は実線になります。

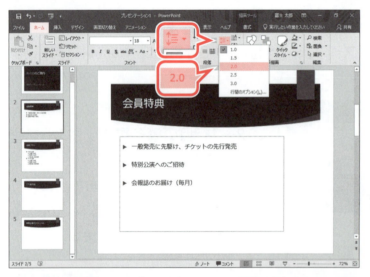

③《ホーム》タブを選択します。
④《段落》グループの (行間) をクリックします。
⑤《2.0》をクリックします。

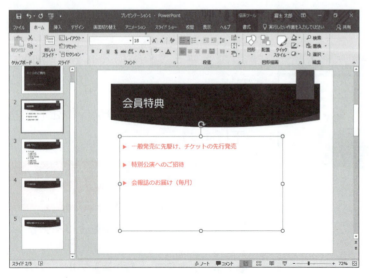

行間が変更されます。

Step 6 プレゼンテーションの構成を変更する

1 スライド一覧表示モードへの切り替え

表示モードをスライド一覧に切り替えると、プレゼンテーション全体の流れを確認しやすくなります。全体の構成を確認しながら、スライドの順番を入れ替えたり、不要なスライドを削除したりする場合に便利です。
スライド一覧表示モードに切り替えましょう。

① ステータスバーの ■■ （スライド一覧）をクリックします。

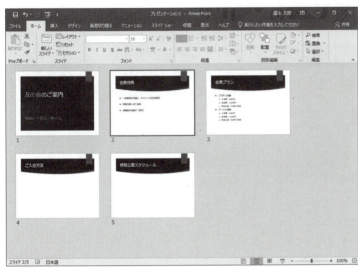

表示モードがスライド一覧表示モードに切り替わります。

STEP UP 表示倍率の変更

スライドの表示倍率を変更して、画面内に表示されるスライドの枚数を調整できます。
一画面にたくさんのスライドを表示したい場合には、表示倍率を縮小しましょう。
スライドの文字を大きくして確認したい場合には、表示倍率を拡大しましょう。
表示倍率は、ステータスバーのズーム機能を使って変更できます。

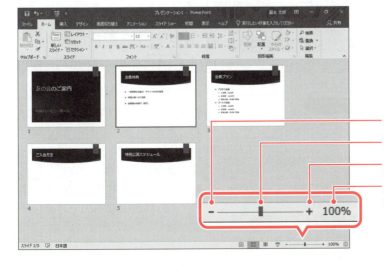

― クリックすると、10％単位で縮小
― ドラッグして、表示倍率を指定
― クリックすると、10％単位で拡大
― クリックして、《ズーム》ダイアログボックスで表示倍率を指定

46

2 スライドの移動

スライドを移動するには、スライドを移動先にドラッグします。
スライド4をスライド5の後ろに移動しましょう。

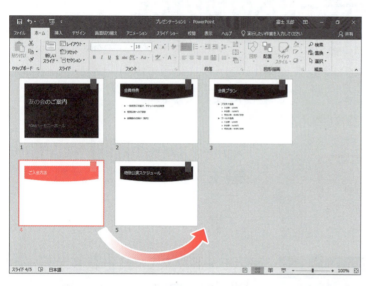

①スライド4を選択します。
②図のように、スライド5の右側にドラッグします。
※ドラッグ中、マウスポインターの形が に変わります。

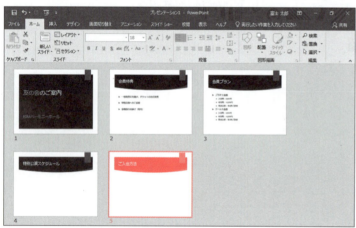

スライドが移動します。
※移動した結果に合わせて、スライド左下のスライド番号が自動的に変更されます。

3 スライドのコピー

スライドをコピーするには、 Ctrl を押しながら、スライドをコピー先にドラッグします。
スライド2をスライド3の後ろにコピーしましょう。

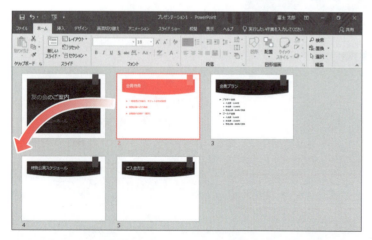

①スライド2を選択します。
② Ctrl を押しながら、図のように、スライド4の左側にドラッグします。
※ドラッグ中、マウスポインターの形が に変わります。
※スライドをコピー先にドラッグしたら、先にマウスから手を離し、次に Ctrl から手を離します。 Ctrl から先に手を離すと、スライドの移動になるので注意しましょう。

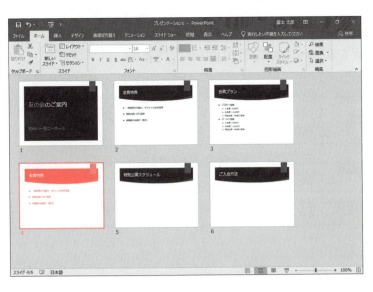

スライドがコピーされます。

※コピーした結果に合わせて、スライド左下の スライド番号が自動的に変更されます。

4 スライドの削除

スライドを削除するには、スライドを選択して Delete を押します。
コピーしたスライド4を削除しましょう。

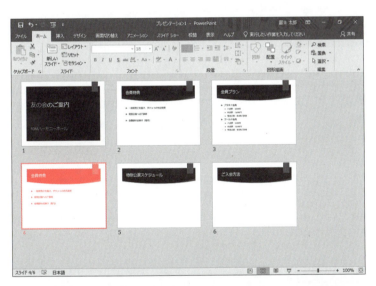

① スライド4を選択します。
② Delete を押します。

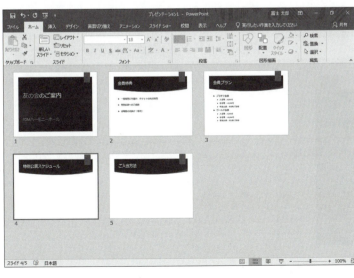

スライドが削除されます。

※削除した結果に合わせて、スライド左下のスライド番号が自動的に変更されます。

STEP UP 操作の取り消し

直前に行った操作を取り消して、元に戻すことができます。

◆クイックアクセスツールバーの ↶ （元に戻す）

※ただし、元に戻らない操作もあります。

STEP UP 複数のスライドの選択

複数のスライドを選択すると、まとめて操作の対象にできます。

選択対象	操作方法
離れたスライドの選択	1枚目のスライドをクリック→ Ctrl を押しながら、2枚目以降のスライドをクリック
連続するスライドの選択	先頭のスライドをクリック→ Shift を押しながら、最終のスライドをクリック
すべてのスライドの選択	Ctrl + A

5 標準表示モードに戻す

スライド一覧表示モードから標準表示モードに戻す方法には、ステータスバーのボタンを使うほかに、スライドをダブルクリックする方法があります。
ダブルクリックしたスライドが、スライドペインに表示されます。
標準表示モードに戻しましょう。

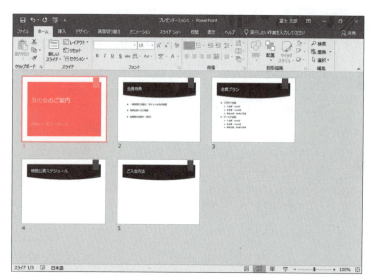

①スライド1をダブルクリックします。

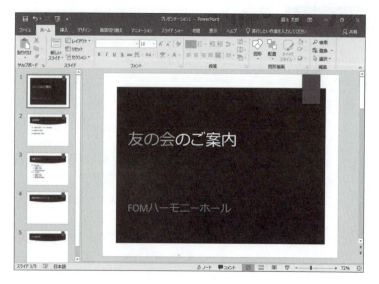

標準表示モードに戻り、スライドペインにスライド1が表示されます。

Step 7 プレゼンテーションを保存する

1 名前を付けて保存

作成したプレゼンテーションを残しておきたいときは、プレゼンテーションに名前を付けて保存します。
プレゼンテーションに「**会員サービス紹介**」と名前を付けて、フォルダー「**第2章**」に保存しましょう。

①《**ファイル**》タブを選択します。

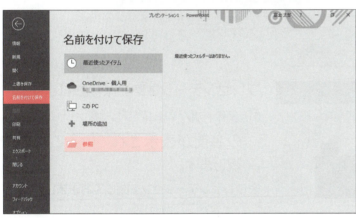

②《**名前を付けて保存**》をクリックします。
③《**参照**》をクリックします。

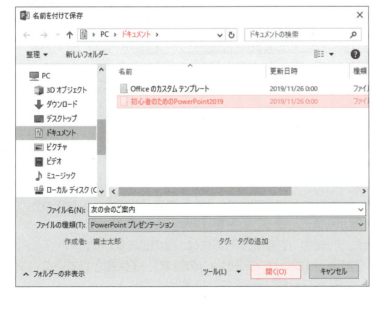

《**名前を付けて保存**》ダイアログボックスが表示されます。
プレゼンテーションを保存する場所を選択します。
④《**ドキュメント**》が開かれていることを確認します。
※《ドキュメント》が開かれていない場合は、《PC》→《ドキュメント》を選択します。
⑤一覧から「**初心者のためのPowerPoint2019**」を選択します。
⑥《**開く**》をクリックします。

50

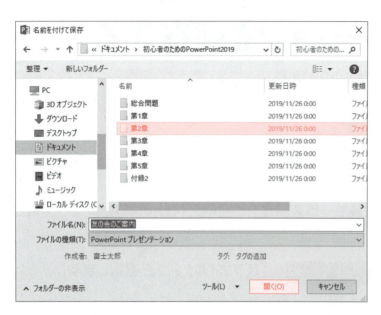

⑦一覧から「**第2章**」を選択します。
⑧《**開く**》をクリックします。

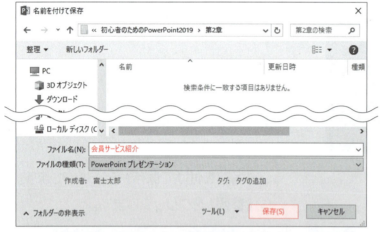

⑨《**ファイル名**》に「**会員サービス紹介**」と入力します。
⑩《**保存**》をクリックします。

プレゼンテーションが保存されます。
⑪タイトルバーにプレゼンテーションの名前が表示されていることを確認します。
※プレゼンテーションを閉じておきましょう。

👆POINT 上書き保存と名前を付けて保存

すでに保存されているプレゼンテーションの内容を一部編集して、編集後の内容だけを保存するには、クイックアクセスツールバーの 🖫 （上書き保存）を使って上書き保存します。編集前の状態も編集後の状態も保存するには、「名前を付けて保存」で別の名前を付けて保存します。

🚩STEP UP プレゼンテーションの自動保存

作業中のプレゼンテーションは、一定の間隔で自動的にコンピューター内に保存されます。プレゼンテーションを保存せずに閉じてしまった場合、自動的に保存されたプレゼンテーションの一覧から復元できることがあります。
保存していないプレゼンテーションを復元する方法は、次のとおりです。

◆《**ファイル**》タブ→《**情報**》→《**プレゼンテーションの管理**》→《**保存されていないプレゼンテーションの回復**》→プレゼンテーションを選択→《**開く**》

※操作のタイミングによって、完全に復元されるとは限りません。

第3章

表の作成

Step1	作成するスライドを確認する		53
Step2	表を作成する		54
Step3	行や列を操作する		59
Step4	表に書式を設定する		62

Step1 作成するスライドを確認する

1 作成するスライドの確認

次のようなスライドを作成しましょう。

フォルダー「第3章」のプレゼンテーション「表の作成」を開いておきましょう。

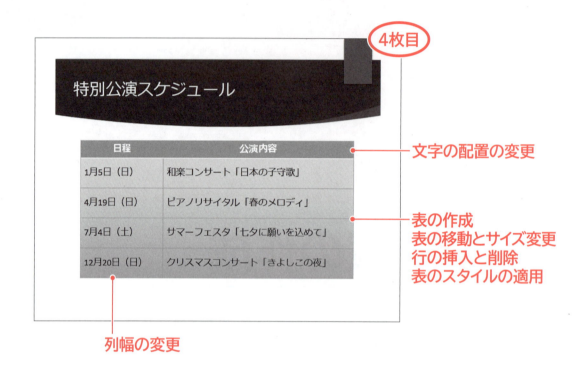

Step 2 表を作成する

1 表の構成

「**表**」は罫線で囲まれた「**行**」と「**列**」で構成されます。また、罫線で囲まれたひとつのマス目を「**セル**」といいます。

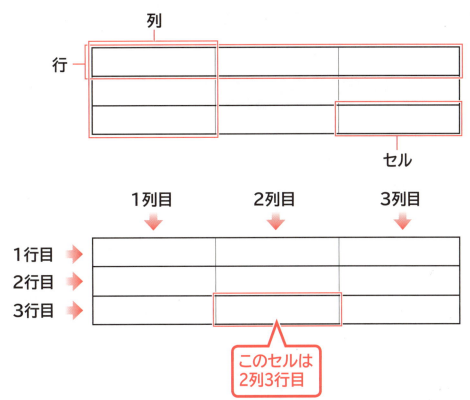

2 表の作成

スライド4に2列5行の表を作成しましょう。

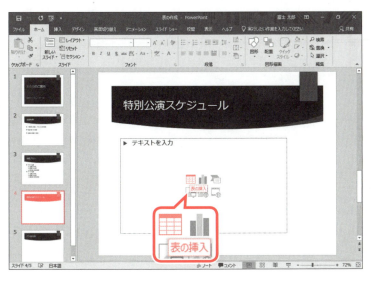

①スライド4を選択します。
②コンテンツのプレースホルダーの （表の挿入）をクリックします。

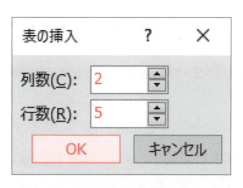

《表の挿入》ダイアログボックスが表示されます。

③《列数》を「2」に設定します。
④《行数》を「5」に設定します。
⑤《OK》をクリックします。

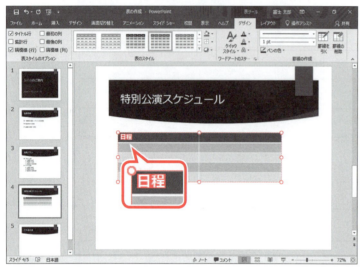

表が作成されます。
※表には、あらかじめスタイルが適用されています。

⑥表の周囲に枠線が表示され、表が選択されていることを確認します。
※表が選択されているとき、リボンに《表ツール》の《デザイン》タブと《レイアウト》タブが表示され、表に関するコマンドが使用できる状態になります。

⑦1列1行目のセル内にカーソルが表示されていることを確認します。
※カーソルが表示されていない場合は、1列1行目のセルをクリックします。

⑧「日程」と入力します。
※文字を入力し、確定後に Enter を押すと、セル内で改行されます。誤って改行した場合は、Back Space を押します。

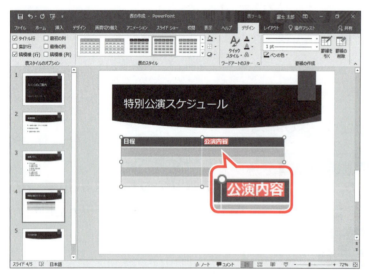

⑨2列1行目のセルをクリックします。
カーソルが移動します。
⑩「公演内容」と入力します。

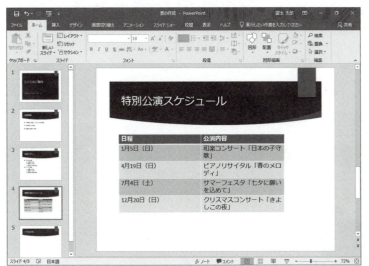

⑪ 同様に、その他のセルに次のように文字を入力します。

日程	公演内容
1月5日(日)	和楽コンサート「日本の子守歌」
4月19日(日)	ピアノリサイタル「春のメロディ」
7月4日(土)	サマーフェスタ「七夕に願いを込めて」
12月20日(日)	クリスマスコンサート「きよしこの夜」

※数字は半角で入力します。

⑫ 表以外の場所をクリックします。
表の選択が解除されます。

STEP UP マス目を使った表の作成

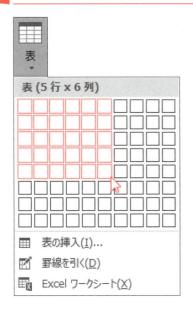

コンテンツのプレースホルダーが配置されていないスライドで、表を作成することもできます。その場合は、《挿入》タブ→《表》グループの (表の追加)をクリックすると表示されるマス目から、行数と列数を指定します。ただし、この方法では、縦8行×横10列より大きい表は作成できません。

STEP UP 行数・列数の多い表の作成

コンテンツのプレースホルダーが配置されていないスライドで、行数が「8」、列数が「10」より多い表を作成する方法は、次のとおりです。

◆《挿入》タブ→《表》グループの (表の追加)→《表の挿入》→《列数》と《行数》を指定

3 表のサイズ変更

スライドに作成した表は、サイズを変更できます。
表のサイズを変更するには、周囲の枠線上にある○（ハンドル）をドラッグします。
表のサイズを変更しましょう。

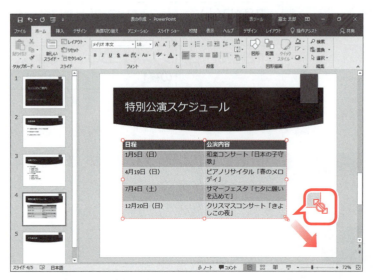

①表内をクリックします。
※表内であれば、どこでもかまいません。
表の周囲に枠線が表示されます。
②表の右下の○（ハンドル）をポイントします。
マウスポインターの形が に変わります。
③図のようにドラッグします。

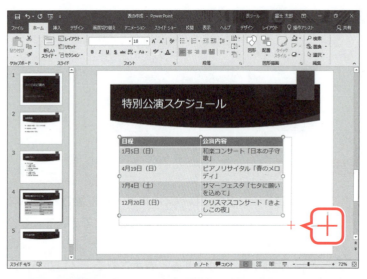

ドラッグ中、マウスポインターの形が
＋に変わります。

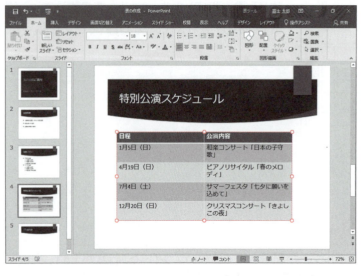

表のサイズが変更されます。
※表のサイズを変更すると、行の高さや列幅が均等な割合で変更されます。

4 表の移動

スライドに作成した表は、移動できます。表を移動するには、表の周囲の枠線をドラッグします。
表をスライドの中央に移動しましょう。

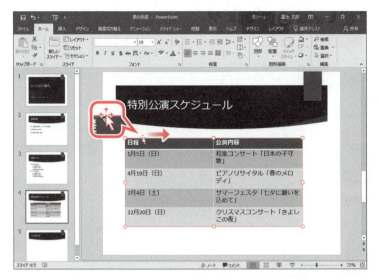

①表が選択されていることを確認します。
②表の周囲の枠線をポイントします。
マウスポインターの形が に変わります。
③図のようにドラッグします。

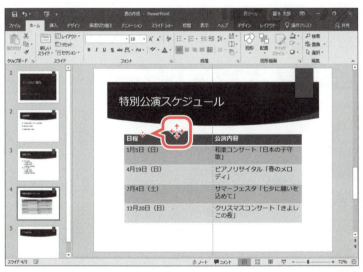

ドラッグ中、マウスポインターの形が に代わります。

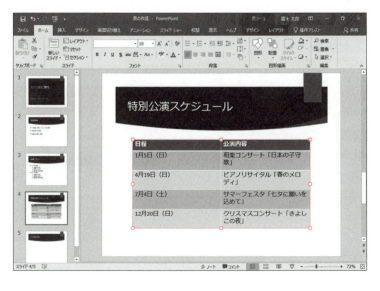

表が移動します。

Step3 行や列を操作する

1 行の挿入

作成した表に、あとから行を挿入できます。
3行目と4行目の間に行を挿入しましょう。

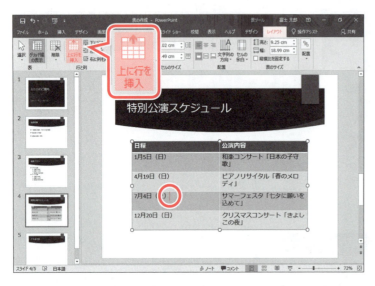

①4行目にカーソルを移動します。
※4行目であれば、どこでもかまいません。
②《レイアウト》タブを選択します。
③《行と列》グループの (上に行を挿入)をクリックします。

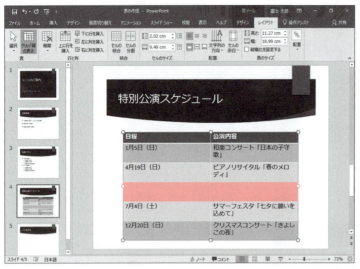

行が挿入されます。

POINT 列の挿入

列を挿入する方法は、次のとおりです。
◆列内にカーソルを移動→《レイアウト》タブ→《行と列》グループの 左に列を挿入 （左に列を挿入）または 右に列を挿入 （右に列を挿入）

2 行の削除

作成した表から、不要な行を削除できます。
挿入した行を削除しましょう。

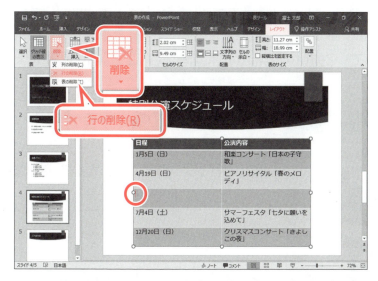

①4行目にカーソルを移動します。
※4行目であれば、どこでもかまいません。
②《レイアウト》タブを選択します。
③《行と列》グループの（表の削除）をクリックします。
④《行の削除》をクリックします。

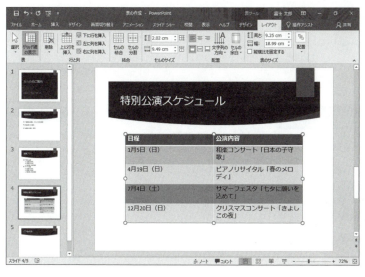

行が削除されます。

POINT 列の削除

表から列を削除する方法は、次のとおりです。
◆列内にカーソルを移動→《レイアウト》タブ→《行と列》グループの（表の削除）→《列の削除》

POINT 表全体の削除

表全体を削除する方法は、次のとおりです。
◆表内にカーソルを移動→《レイアウト》タブ→《行と列》グループの（表の削除）→《表の削除》

3 列幅の変更

表内の列はそれぞれ列幅を変更できます。
列の右側の境界線をドラッグすると、列幅を変更できます。また、列の右側の境界線をダブルクリックすると、列内の最長データに合わせて自動的に列幅が調整されます。
表の1列目の列幅を狭くして、2列目の列幅が広くなるように、列幅を調整しましょう。

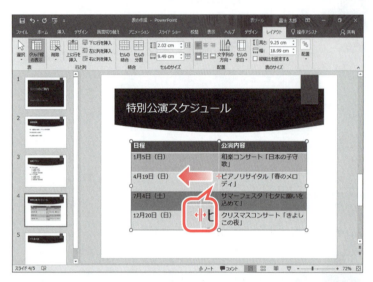

①1列目の右側の境界線をポイントします。
マウスポインターの形が ╫ に変わります。
②図のようにドラッグします。

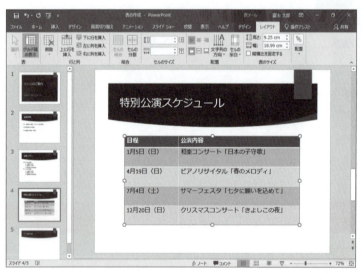

1列目の列幅が狭くなり、2列目の列幅が広くなります。

POINT 行の高さの変更

行の高さを変更するには、行の下側の境界線をポイントして、マウスポインターの形が ╪ の状態でドラッグします。
行内の文字のフォントサイズよりも行の高さを小さくすることはできません。

Step 4 表に書式を設定する

1 表のスタイルの適用

「**表のスタイル**」とは、表を装飾するための書式の組み合わせです。罫線や塗りつぶしなどがあらかじめ設定されており、表の体裁を瞬時に整えることができます。作成した表には、自動的にスタイルが適用されますが、あとからスタイルの種類を変更することもできます。
表にスタイル「**テーマスタイル1-アクセント4**」を適用しましょう。
※設定する項目名が一覧にない場合は、任意の項目を選択してください。

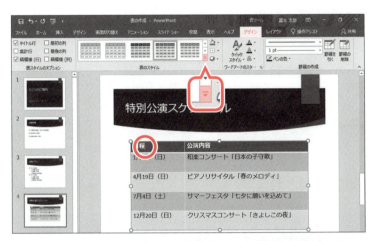

①表内にカーソルを移動します。
※表内であれば、どこでもかまいません。
②《**表ツール**》の《**デザイン**》タブを選択します。
③《**表のスタイル**》グループの ▼ (その他) をクリックします。

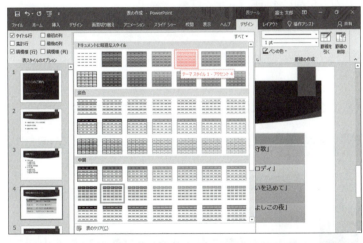

④《**ドキュメントに最適なスタイル**》の《**テーマスタイル1-アクセント4**》をクリックします。

表にスタイルが適用されます。

STEP UP 表のスタイルのクリア

表に適用されているスタイルをクリアして、罫線だけの表にする方法は、次のとおりです。
◆表内にカーソルを移動→《**表ツール**》の《**デザイン**》タブ→《**表のスタイル**》グループの ▼ (その他) →《**表のクリア**》

2　表スタイルのオプションの設定

「表スタイルのオプション」を使うと、見出し行を強調したり、最初の列や最後の列を強調したり、縞模様で表示したりして、表の見栄えを簡単に変更できます。

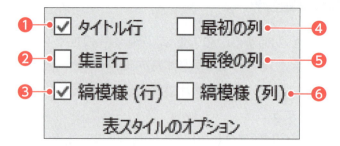

❶ **タイトル行**
☑にすると、表の最初の行が強調されます。

❷ **集計行**
☑にすると、表の最後の行が強調されます。

❸ **縞模様（行）**
☑にすると、行方向の縞模様が設定されます。

❹ **最初の列**
☑にすると、表の最初の列が強調されます。

❺ **最後の列**
☑にすると、表の最後の列が強調されます。

❻ **縞模様（列）**
☑にすると、列方向の縞模様が設定されます。

表スタイルのオプションを使って、行方向の縞模様の設定を解除しましょう。

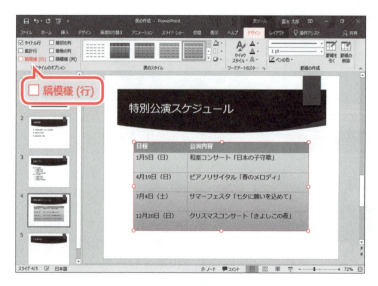

①表が選択されていることを確認します。
②《表ツール》の《デザイン》タブを選択します。
③《表スタイルのオプション》グループの《縞模様（行）》を☐にします。

行方向の縞模様が解除されます。

3 文字の配置の変更

セル内の文字は、水平方向および垂直方向でそれぞれ配置を変更できます。
初期の設定では、水平方向は左揃え、垂直方向は上揃えになっています。

1 水平方向の配置の変更

表の1行目の文字を、セル内で中央揃えにしましょう。

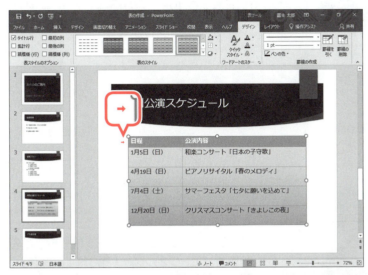

①1行目の左側をポイントします。
マウスポインターの形が➡に変わります。
②クリックします。

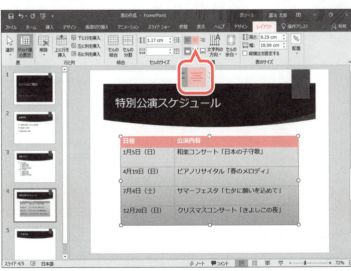

1行目のセルが選択されます。
③《レイアウト》タブを選択します。
④《配置》グループの ≡ （中央揃え）をクリックします。

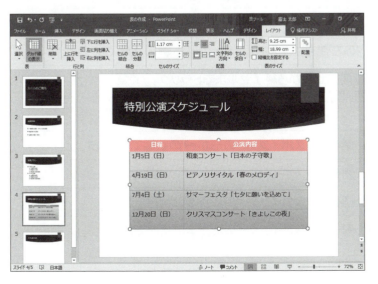

1行目の文字が中央揃えになります。

2 垂直方向の配置の変更

すべてのセルの文字を、セル内で上下中央揃えにしましょう。
表内のすべてのセルを対象にする場合、表全体を選択しておきます。

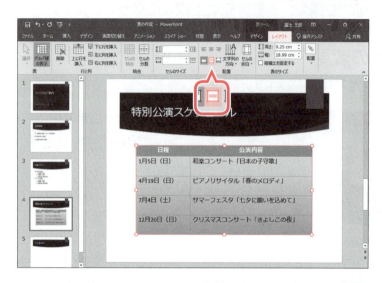

表全体を選択します。
①表の周囲の枠線をクリックします。
②《レイアウト》タブを選択します。
③《配置》グループの ≡（上下中央揃え）をクリックします。

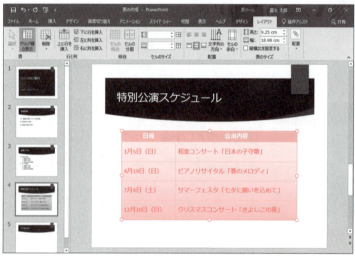

表内のすべての文字が上下中央揃えになります。

※プレゼンテーションに「表の作成完成」と名前を付けて、フォルダー「第3章」に保存し、閉じておきましょう。

👆POINT 表の選択

表の各部を選択する方法は、次のとおりです。

選択対象	操作方法
表全体	表の周囲の枠線をクリック
セル	セル内の左端をマウスポインターの形が ◤ の状態でクリック
セル範囲	方法1）開始セルから終了セルまでドラッグ 方法2）開始セルをクリック→[Shift]を押しながら、終了セルをクリック
行	行の左側をマウスポインターの形が ➡ の状態でクリック
隣接する複数の行	行の左側をマウスポインターの形が ➡ の状態でドラッグ
列	列の上側をマウスポインターの形が ⬇ の状態でクリック
隣接する複数の列	列の上側をマウスポインターの形が ⬇ の状態でドラッグ

第4章

画像や図形の挿入

Step1	作成するスライドを確認する	67
Step2	画像を挿入する	68
Step3	図形を作成する	75
Step4	SmartArtグラフィックを作成する	80

Step 1 作成するスライドを確認する

1 作成するスライドの確認

次のようなスライドを作成しましょう。

 フォルダー「第4章」のプレゼンテーション「画像や図形の挿入」を開いておきましょう。

2枚目

- 画像の挿入
- 画像の移動とサイズ変更

- 図形の作成
- 図形への文字の追加
- 図形のスタイルの適用
- 図形の書式設定

3枚目

- 画像の挿入
- 画像の移動とサイズ変更
- 画像のスタイルの適用
- 画像の明るさとコントラストの調整

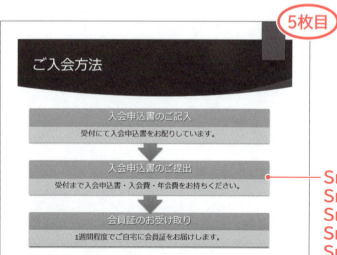

5枚目

- SmartArtグラフィックの作成
- SmartArtグラフィックへの文字の追加
- SmartArtグラフィックのスタイルの適用
- SmartArtグラフィックの図形の書式設定
- SmartArtグラフィックのサイズ変更

Step2 画像を挿入する

1 画像

「画像」とは、写真やイラストをデジタル化したデータのことです。
デジタルカメラで撮影したりスキャナで取り込んだりした画像をPowerPointのスライドに挿入できます。PowerPointでは画像のことを「図」ということもあります。

2 画像の挿入

スライド3にフォルダー「第4章」の画像「ピアノ」を挿入しましょう。

① スライド3を選択します。
②《挿入》タブを選択します。
③《画像》グループの をクリックします。

《図の挿入》ダイアログボックスが表示されます。
④ フォルダー「第4章」を開きます。
※《PC》→《ドキュメント》→「初心者のためのPowerPoint2019」→「第4章」を選択します。
⑤ 一覧から「ピアノ」を選択します。
⑥《挿入》をクリックします。

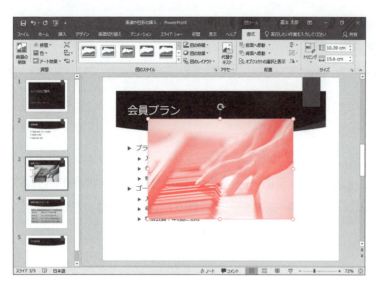

画像が挿入されます。

⑦画像の周囲に○（ハンドル）が表示され、画像が選択されていることを確認します。

※お使いの環境によって、○（ハンドル）が表示されない場合があります。その場合、画像をクリックして選択します。
※画像が選択されているとき、リボンに《図ツール》の《書式》タブが表示され、画像に関するコマンドが使用できる状態になります。

STEP UP プレースホルダーのアイコンを使った画像の挿入

コンテンツのプレースホルダーが配置されているスライドでは、プレースホルダー内の ▨（図）をクリックして、画像を挿入することができます。

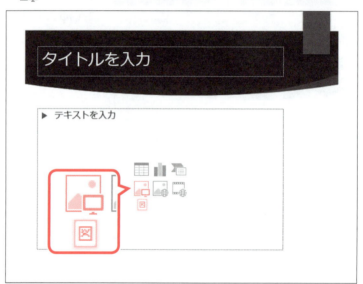

3 画像の移動とサイズ変更

画像はスライド内で移動したり、サイズを変更したりできます。
画像を移動するには、画像をドラッグします。
画像のサイズを変更するには、周囲の枠線上にある○（ハンドル）をドラッグします。
画像の位置とサイズを調整しましょう。

①画像が選択されていることを確認します。
②画像の右下の○（ハンドル）をポイントします。
マウスポインターの形が ↘ に変わります。
③図のようにドラッグします。

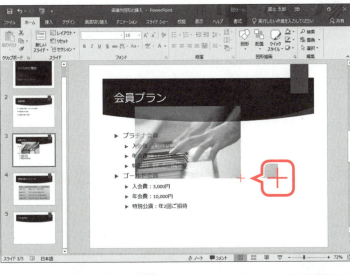

ドラッグ中、マウスポインターの形が ＋ に変わります。

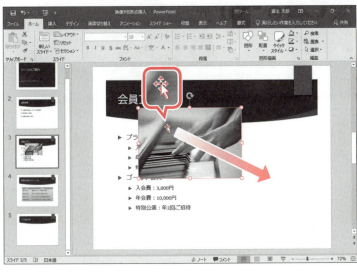

画像のサイズが変更されます。
④画像をポイントします。
マウスポインターの形が ✥ に変わります。
⑤図のようにドラッグします。

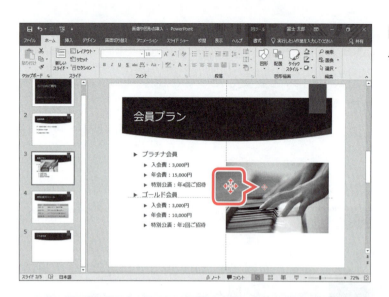

ドラッグ中、マウスポインターの形が
に変わります。

画像が移動します。

STEP UP 画像の回転

画像は自由な角度に回転できます。
画像の上側に表示される をポイントし、マウスポインターの形が に変わったらドラッグします。

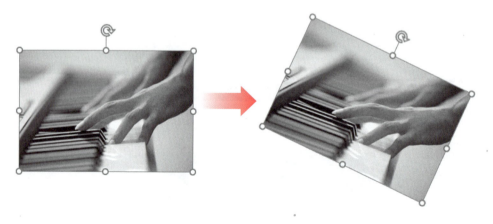

4　画像のスタイルの適用

「図のスタイル」とは、画像を装飾する書式の組み合わせです。枠線や効果などがあらかじめ設定されており、影やぼかしの効果を付けたり、画像にフレームを付けて装飾したりできます。

画像にスタイル「**四角形、右下方向の影付き**」を適用しましょう。

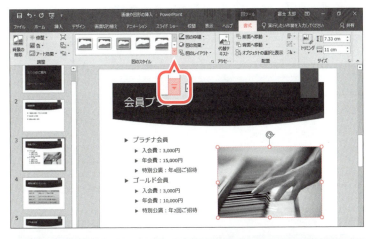

①画像が選択されていることを確認します。

②《書式》タブを選択します。

③《図のスタイル》グループの ▼ （その他）をクリックします。

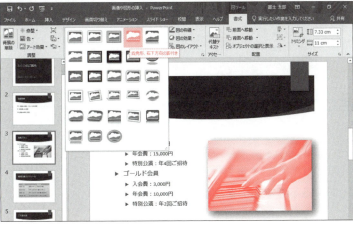

④《四角形、右下方向の影付き》をクリックします。

画像にスタイルが適用されます。

※画像以外の場所をクリックし、選択を解除して、図のスタイルを確認しておきましょう。

5　画像の明るさとコントラストの調整

挿入した画像が暗い場合には明るくしたり、メリハリがない場合にはコントラストを高くしたりできます。

画像の明るさを「**+20%**」に調整しましょう。

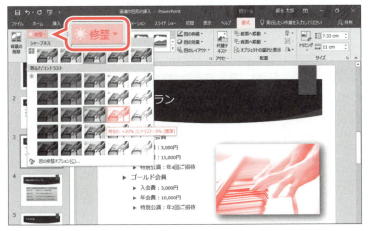

①画像を選択します。

②《書式》タブを選択します。

③《調整》グループの 修整 （修整）をクリックします。

④《明るさ/コントラスト》の《明るさ：+20%　コントラスト：0%（標準）》をクリックします。

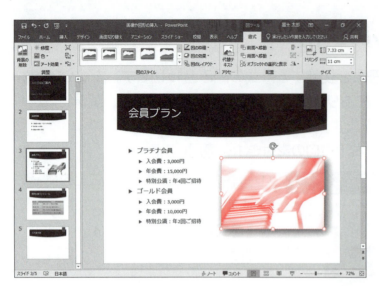

画像の明るさが調整されます。

STEP UP 画像の加工

《書式》タブ→《調整》グループでは、次のように画像を加工できます。

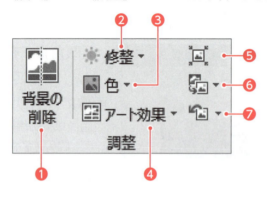

❶背景の削除
画像の背景に写り込んでいる不要なものを削除します。

❷修整
画像の明るさ、コントラスト、鮮明度を調整できます。

❸色
画像の色味、彩度、トーンなどを調整できます。

❹アート効果
スケッチ、線画、マーカーなどの特殊効果を画像に加えることができます。

❺図の圧縮
圧縮に関する設定や印刷用・画面用・電子メール用など、用途に応じて画像の解像度を調整します。

❻図の変更
現在、挿入されている画像を別の画像に置き換えます。設定されている書式やサイズは、そのまま保持されます。

❼図のリセット
設定した書式や変更したサイズをリセットして、画像を元の状態に戻します。

Let's Try　ためしてみよう

次のように、画像を挿入しましょう。

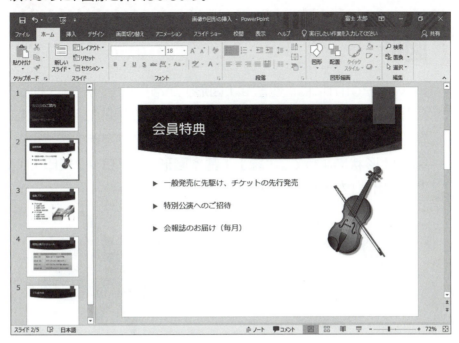

①スライド2にフォルダー「第4章」の画像「バイオリン」を挿入しましょう。
②画像の位置を調整しましょう。

Let's Try Answer

①
①スライド2を選択
②《挿入》タブを選択
③《画像》グループの ■ (図)をクリック
④フォルダー「第4章」を開く
※《PC》→《ドキュメント》→「初心者のためのPowerPoint2019」→「第4章」を選択します。
⑤一覧から「バイオリン」を選択
⑥《挿入》をクリック

②
①画像をドラッグして、移動

Step3 図形を作成する

1 図形

PowerPointには、豊富な「図形」があらかじめ用意されており、スライド上に簡単に配置することができます。図形を効果的に使うことによって、特定の情報を強調したり、情報の相互関係を示したりできます。

図形は形状によって、「**線**」「**基本図形**」「**ブロック矢印**」「**フローチャート**」「**吹き出し**」などに分類されています。

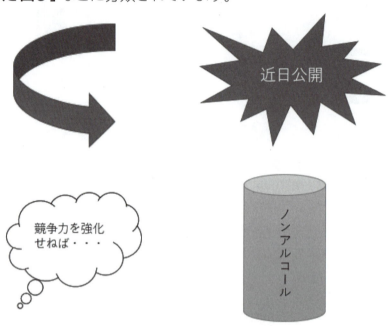

2 図形の作成

スライド2に「**スクロール：横**」の図形を作成しましょう。
※設定する項目名が一覧にない場合は、任意の項目を選択してください。

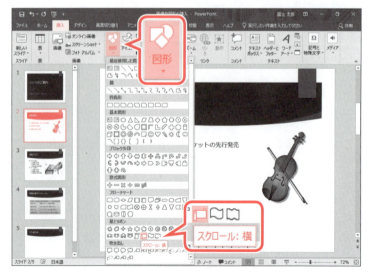

① スライド2を選択します。
②《挿入》タブを選択します。
③《図》グループの (図形) をクリックします。
④《星とリボン》の (スクロール：横) をクリックします。

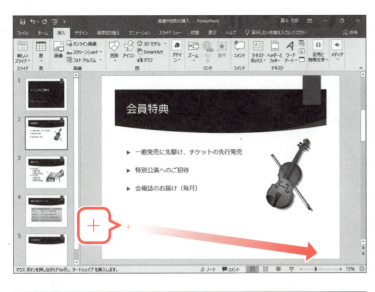

マウスポインターの形が✚に変わります。
⑤図のようにドラッグします。

図形が作成されます。
※図形には、あらかじめスタイルが適用されています。
⑥図形の周囲に○（ハンドル）が表示され、図形が選択されていることを確認します。
※図形が選択されているとき、リボンに《描画ツール》の《書式》タブが表示され、図形に関するコマンドが使用できる状態になります。

3　図形への文字の追加

「線」以外の図形には、文字を追加できます。
作成した図形の中に「**会員様限定のうれしい特典がいっぱい！**」という文字を追加しましょう。

①図形が選択されていることを確認します。
②「**会員様限定のうれしい特典がいっぱい！**」と入力します。

76

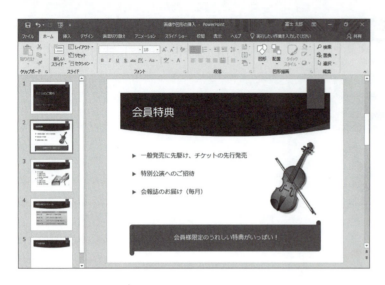

③図形以外の場所をクリックします。
文字が確定されます。

4　図形のスタイルの適用

「**図形のスタイル**」とは、図形を装飾するための書式の組み合わせです。塗りつぶし・枠線・効果などがあらかじめ設定されており、図形の体裁を瞬時に整えることができます。作成した図形には、自動的にスタイルが適用されますが、あとからスタイルの種類を変更することもできます。
図形にスタイル「**パステル-明るい緑、アクセント4**」を適用しましょう。
※設定する項目名が一覧にない場合は、任意の項目を選択してください。

①図形の枠線をクリックします。
図形が選択されます。
②《**書式**》タブを選択します。
③《**図形のスタイル**》グループの ▼ (その他) をクリックします。

④《**テーマスタイル**》の《**パステル-明るい緑、アクセント4**》をクリックします。

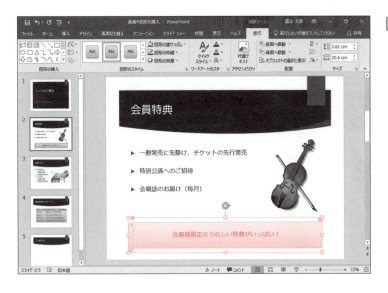

図形にスタイルが適用されます。

POINT 図形の選択

図形を選択する方法は、次のとおりです。

選択対象	操作方法
図形全体	図形の枠線をクリック
図形内の文字	図形内の文字をドラッグ
複数の図形	1つ目の図形をクリック→ Shift を押しながら、2つ目以降の図形をクリック

5 図形の書式設定

図形内の文字は、フォントやフォントサイズ、配置などを変更できます。
図形内のすべての文字に書式を設定する場合、図形全体を選択してからコマンドを実行します。図形内の一部の文字だけに書式を設定する場合、図形内の文字を範囲選択してからコマンドを実行します。
図形内のすべての文字のフォントサイズを「24」ポイントに設定しましょう。

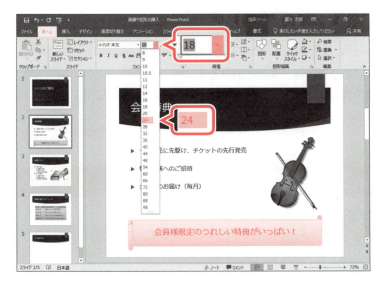

①図形が選択されていることを確認します。
②《ホーム》タブを選択します。
③《フォント》グループの 18 （フォントサイズ）の をクリックし、一覧から《24》を選択します。

図形内のすべての文字のフォントサイズが変更されます。

> **POINT** 図形の枠線

図形内の文字をクリックすると、カーソルが表示され、枠線が点線になります。この状態のとき、文字を入力したり文字の一部に書式を設定したりできます。
図形の枠線をクリックすると、図形が選択され、枠線が実線になります。この状態のとき、図形内のすべての文字に書式を設定できます。

●図形内にカーソルがある状態

●図形が選択されている状態

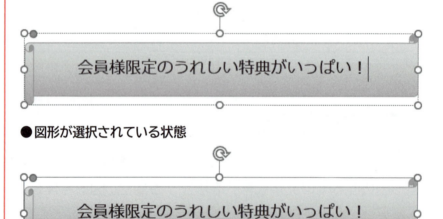

> **POINT** 図形の移動

スライドに作成した図形を移動する方法は、次のとおりです。
◆図形を選択→図形の周囲の枠線をポイント→マウスポインターの形が に変わったらドラッグ

> **POINT** 図形のサイズ変更

スライドに作成した図形のサイズを変更する方法は、次のとおりです。
◆図形を選択→図形の周囲の○（ハンドル）をポイント→マウスポインターの形が に変わったらドラッグ

Step4 SmartArtグラフィックを作成する

1 SmartArtグラフィック

「SmartArtグラフィック」とは、複数の図形を組み合わせて、情報の相互関係を視覚的にわかりやすく表現した図解のことです。SmartArtグラフィックには、**「手順」「循環」「階層構造」「集合関係」**などの種類があらかじめ用意されており、目的のレイアウトを選択するだけでデザイン性の高い図解を作成できます。

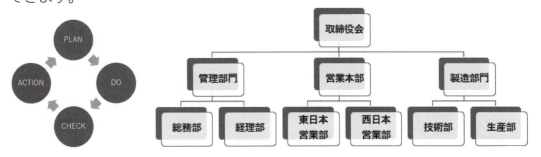

2 SmartArtグラフィックの作成

スライド5にSmartArtグラフィック**「分割ステップ」**を作成しましょう。

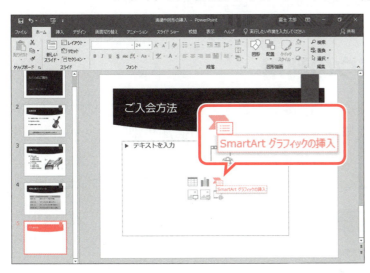

①スライド5を選択します。
②コンテンツのプレースホルダーの　（SmartArtグラフィックの挿入）をクリックします。

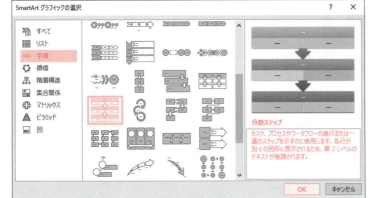

《**SmartArtグラフィックの選択**》ダイアログボックスが表示されます。
③左側の一覧から《**手順**》を選択します。
④中央の一覧から《**分割ステップ**》を選択します。
※一覧に表示されていない場合は、スクロールして調整します。
右側に選択したSmartArtグラフィックの説明が表示されます。
⑤《**OK**》をクリックします。

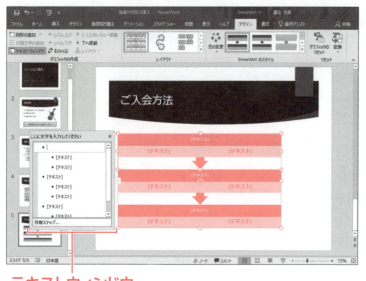

テキストウィンドウ

SmartArtグラフィックが作成され、テキストウィンドウが表示されます。
※SmartArtグラフィックには、あらかじめスタイルが適用されています。
※テキストウィンドウが表示されていない場合は、《SmartArtツール》の《デザイン》タブ→《グラフィックの作成》グループの テキストウィンドウ （テキストウィンドウ）をクリックします。

⑥SmartArtグラフィックの周囲に枠線が表示され、SmartArtグラフィックが選択されていることを確認します。
※SmartArtグラフィックが選択されているとき、リボンに《SmartArtツール》の《デザイン》タブと《書式》タブが表示され、SmartArtグラフィックに関するコマンドが使用できる状態になります。

STEP UP リボンを使ったSmartArtグラフィックの作成

コンテンツのプレースホルダーが配置されていないスライドにSmartArtグラフィックを作成する方法は、次のとおりです。
◆《挿入》タブ→《図》グループの SmartArt （SmartArtグラフィックの挿入）

3 テキストウィンドウの利用

SmartArtグラフィックの図形に直接文字を入力することもできますが、**「テキストウィンドウ」**を使って文字を入力すると、図形の追加や削除、レベルの上げ下げなどを簡単に行うことができます。
テキストウィンドウを使って、SmartArtグラフィックに文字を入力しましょう。

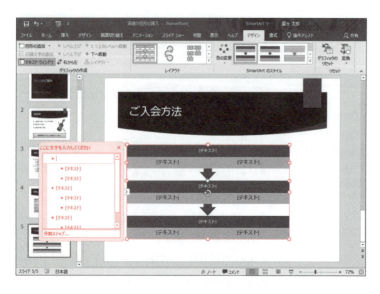

①SmartArtグラフィックが選択され、テキストウィンドウが表示されていることを確認します。

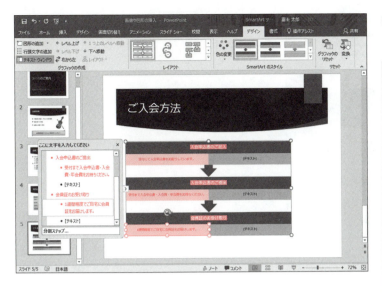

②テキストウィンドウに、次のように文字を入力します。

・入会申込書のご記入
　・受付にて入会申込書をお配りしています。
　・
・入会申込書のご提出
　・受付まで入会申込書・入会費・年会費をお持ちください。
　・
・会員証のお受け取り
　・1週間程度でご自宅に会員証をお届けします。
　・

※数字は半角で入力します。
※文字を入力し、確定後に Enter を押すと、改行されて新しい行頭文字が追加されます。誤って改行した場合は、 ↶（元に戻す）をクリックして元に戻します。

③SmartArtグラフィックの対応する図形に文字が表示されていることを確認します。

不要な項目を削除します。

④テキストウィンドウの3行目にカーソルを移動します。

⑤ Back Space を2回押します。

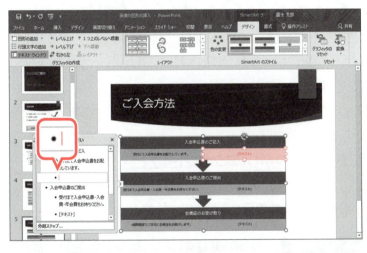

項目と対応する図形が削除されます。

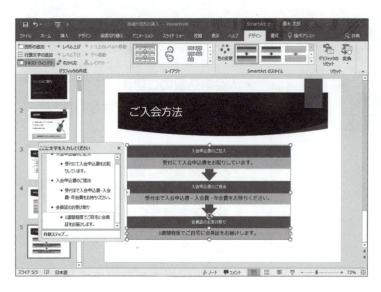

⑥同様に、残りの空白の項目を削除します。

> **POINT 図形の追加と削除**
>
> SmartArtグラフィックに図形を追加するには、箇条書きの後ろにカーソルを移動して[Enter]を押します。SmartArtグラフィックから図形を削除するには、箇条書きの文字を範囲選択して[Delete]を押します。
> テキストウィンドウとSmartArtグラフィックは連動しており、箇条書きの項目を追加すると、図形も追加され、箇条書きの項目を削除すると、図形も削除されます。

4 SmartArtグラフィックのスタイルの適用

「SmartArtのスタイル」とは、SmartArtグラフィックを装飾するための書式の組み合わせです。様々な配色やデザインが用意されており、SmartArtグラフィックを瞬時にアレンジできます。

作成したSmartArtグラフィックには、自動的にスタイルが適用されますが、あとからスタイルの種類を変更することもできます。

SmartArtグラフィックに色「**塗りつぶし-アクセント4**」とスタイル「**グラデーション**」を適用しましょう。

※設定する項目名が一覧にない場合は、任意の項目を選択してください。

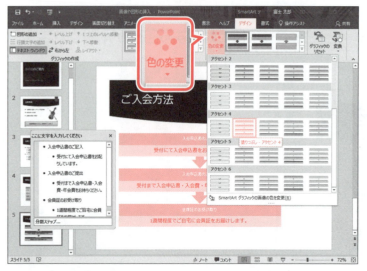

①SmartArtグラフィックを選択します。
②《**SmartArtツール**》の《**デザイン**》タブを選択します。
③《**SmartArtのスタイル**》グループの (色の変更)をクリックします。
④《**アクセント4**》の《**塗りつぶし-アクセント4**》をクリックします。
※一覧に表示されていない場合は、スクロールして調整します。

SmartArtグラフィックの配色が変更されます。

⑤《SmartArtのスタイル》グループの ▼ (その他) をクリックします。

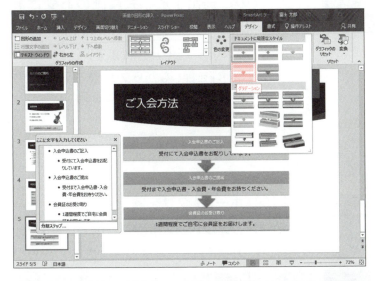

⑥《ドキュメントに最適なスタイル》の《グラデーション》をクリックします。

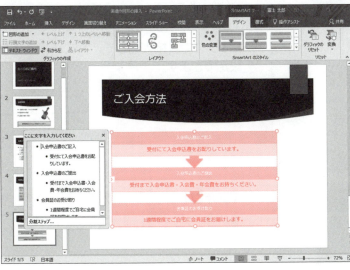

SmartArtグラフィックにスタイルが適用されます。

84

5 SmartArtグラフィックの図形の書式設定

SmartArtグラフィック内の「**入会申込書のご記入**」「**入会申込書のご提出**」「**会員証のお受け取り**」の3つの図形に次の書式を設定しましょう。

> フォントサイズ：22ポイント
> 文字の影

① 「**入会申込書のご記入**」の図形をクリックします。
② [Shift]を押しながら、「**入会申込書のご提出**」と「**会員証のお受け取り**」の図形をクリックします。
3つの図形が選択されます。
※ [Shift]を押しながらクリックすると、複数の図形をまとめて選択できます。

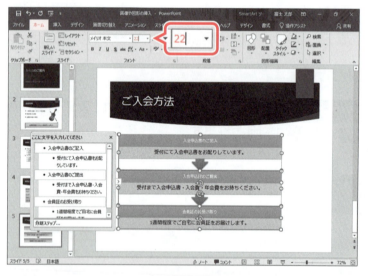

③ 《**ホーム**》タブを選択します。
④ 《**フォント**》グループの [12▼]（フォントサイズ）のボックス内をクリックします。
⑤ 「**22**」と入力し、[Enter]を押します。
※ ボックスに直接入力して、フォントサイズを設定できます。

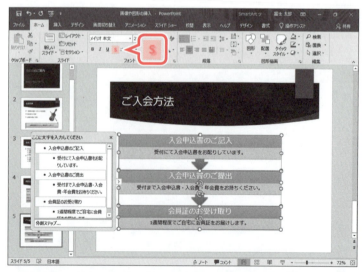

⑥ 《**フォント**》グループの [S]（文字の影）をクリックします。

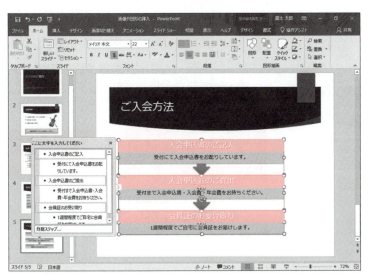

3つの図形に書式が設定されます。
※SmartArtグラフィック以外の場所をクリックし、選択を解除しておきましょう。

6 SmartArtグラフィックのサイズ変更

スライドに作成したSmartArtグラフィックは、サイズを変更できます。
SmartArtグラフィックのサイズを変更するには、周囲の枠線上にある○（ハンドル）をドラッグします。
SmartArtグラフィックのサイズを変更しましょう。

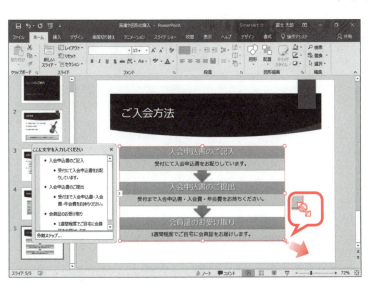

①SmartArtグラフィックを選択します。
②SmartArtグラフィックの右下の○（ハンドル）をポイントします。
マウスポインターの形が に変わります。
③図のようにドラッグします。

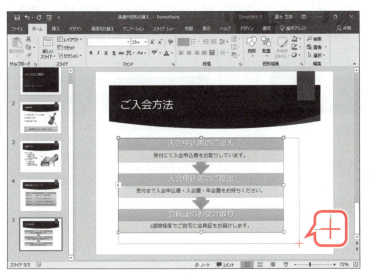

ドラッグ中、マウスポインターの形が＋に変わります。

86

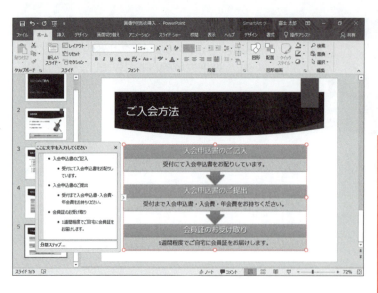

SmartArtグラフィックのサイズが変更されます。

※プレゼンテーションに「画像や図形の挿入完成」と名前を付けて、フォルダー「第4章」に保存し、閉じておきましょう。

> **POINT SmartArtグラフィックの移動**
>
> スライドに作成したSmartArtグラフィックを移動する方法は、次のとおりです。
> ◆SmartArtグラフィックを選択→SmartArtグラフィックの周囲の枠線をポイント→マウスポインターの形が に変わったらドラッグ

STEP UP 箇条書きテキストをSmartArtグラフィックに変換

スライドに入力済みの箇条書きテキストをSmartArtグラフィックに変換できます。箇条書きテキストをSmartArtグラフィックに変換する方法は、次のとおりです。
◆箇条書きテキストを選択→《ホーム》タブ→《段落》グループの (SmartArtグラフィックに変換)

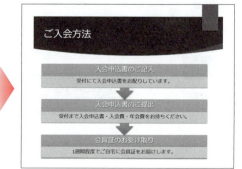

STEP UP SmartArtグラフィックを箇条書きテキストに変換

SmartArtグラフィックを箇条書きテキストに変換する方法は、次のとおりです。
◆SmartArtグラフィックを選択→《SmartArtツール》の《デザイン》タブ→《リセット》グループの (SmartArtを図形またはテキストに変換)→《テキストに変換》

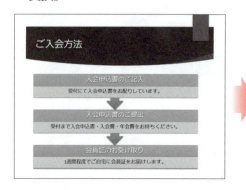
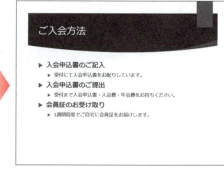

第5章

スライドショーの実行

Step1	スライドショーを実行する	89
Step2	アニメーションを設定する	92
Step3	画面切り替え効果を設定する	96
Step4	プレゼンテーションを印刷する	99
Step5	発表者ツールを使用する	104

Step 1 スライドショーを実行する

1 スライドショー

プレゼンテーションを行う際に、スライドを画面全体に表示して、順番に閲覧していくことを**「スライドショー」**といいます。マウスでクリックするか、または Enter を押すと、スライドが1枚ずつ切り替わります。

2 スライドショーの実行

スライド1からスライドショーを実行し、作成したプレゼンテーションを確認しましょう。

 フォルダー「第5章」のプレゼンテーション「スライドショーの実行」を開いておきましょう。

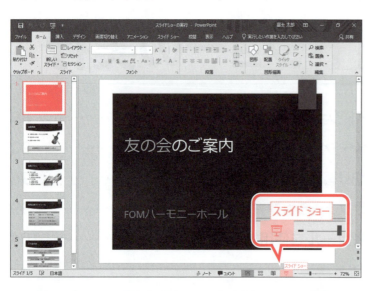

①スライド1が選択されていることを確認します。
②ステータスバーの 🖳 （スライドショー）をクリックします。

スライドショーが実行され、スライド1が画面全体に表示されます。
次のスライドを表示します。
③クリックします。
※ Enter を押してもかまいません。

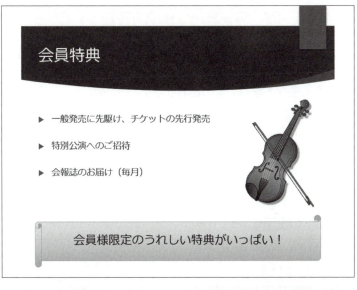

スライド2が表示されます。
④同様に、最後のスライドまで表示します。

スライドショーが終了すると、《**スライドショーの最後です。クリックすると終了します。**》というメッセージが表示されます。
⑤ クリックします。
※ Enter を押してもかまいません。

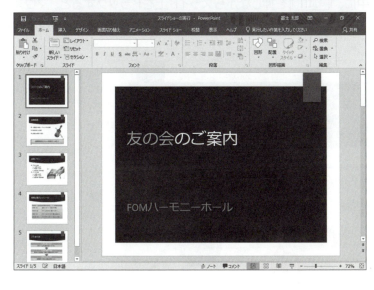

スライドショーが終了し、標準表示モードに戻ります。

POINT　スライドショーの開始

ステータスバーの ▭ （スライドショー）をクリックすると、現在選択されているスライドからスライドショーが開始されます。スライド1からスライドショーを開始する場合は、クイックアクセスツールバーの ▭ （先頭から開始）をクリックします。

POINT スライドショー実行中のスライドの切り替え

プレゼンテーションを行うときには、説明に合わせてタイミングよくスライドを切り替えると効果的です。
スライドショーでスライドを切り替える主な方法は、次のとおりです。

スライドの切り替え	操作方法
次のスライドに進む	・スライドをクリック ・[　　　] (スペース) または [Enter] ・[→] または [↓] ・スライドを右クリック→《次へ》 ・スライドの左下をポイント→ ▷
前のスライドに戻る	・[BackSpace] ・[←] または [↑] ・スライドを右クリック→《前へ》 ・スライドの左下をポイント→ ◁
スライド番号を指定して移動する	・スライド番号を入力→[Enter] ※たとえば、「4」と入力して[Enter]を押すと、スライド4が表示されます。
直前に表示したスライドに戻る	・スライドを右クリック→《最後の表示》 ・スライドの左下をポイント→ ⋯ →《最後の表示》
スライドショーを途中で終了する	・[Esc] ・スライドを右クリック→《スライドショーの終了》

STEP UP レーザーポインターの利用

スライドショー実行中に、[Ctrl]を押しながらスライド上をドラッグすると、マウスポインターがレーザーポインターに変わります。スライドの内容に着目してもらう場合に便利です。

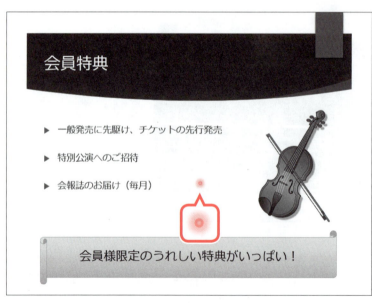

第5章 スライドショーの実行

Step2 アニメーションを設定する

1 アニメーション

「**アニメーション**」とは、スライド上のタイトルや箇条書きテキスト、画像、表などの「**オブジェクト**」に対して、動きを付ける効果のことです。波を打つように揺らす、ピカピカと点滅させる、徐々に拡大するなど、様々なアニメーションが用意されています。

アニメーションを使うと、重要な箇所が強調され、見る人の注目を集めることができます。

PowerPointに用意されているアニメーションは、次のように分類されます。

❶**開始**
オブジェクトが表示されるときのアニメーションです。

❷**強調**
オブジェクトが表示されているときのアニメーションです。

❸**終了**
オブジェクトが非表示になるときのアニメーションです。

❹**アニメーションの軌跡**
オブジェクトがスライド上を動く軌跡です。

92

第5章 スライドショーの実行

2 アニメーションの設定

アニメーションは、対象のオブジェクトを選択してから設定します。
スライド5のSmartArtグラフィックに**「開始」**の**「フロートイン」**のアニメーションを設定しましょう。

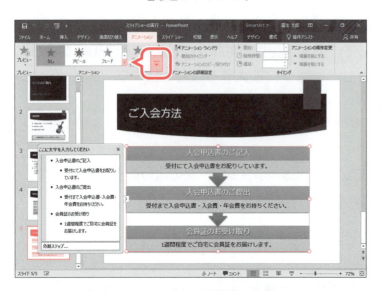

①スライド5を選択します。
②SmartArtグラフィックを選択します。
③《アニメーション》タブを選択します。
④《アニメーション》グループの ▼ （その他）をクリックします。

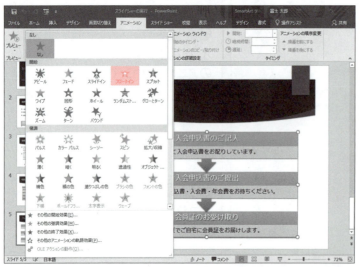

⑤《開始》の《フロートイン》をクリックします。

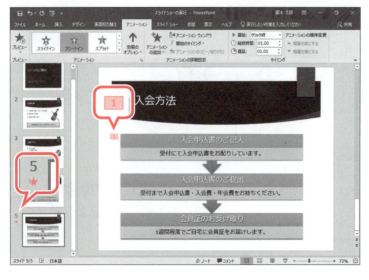

アニメーションが設定されます。
⑥サムネイルペインのスライド5に ★ が表示されていることを確認します。
⑦SmartArtグラフィックの左側に「1」が表示されていることを確認します。
※この番号は、アニメーションの再生順序を表します。

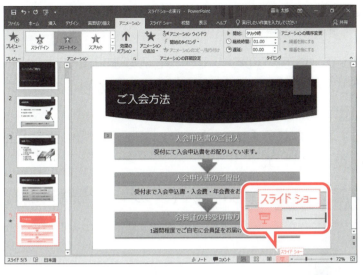

スライドショーを実行して確認します。

⑧ スライド5が選択されていることを確認します。

⑨ ステータスバーの ▭ （スライドショー）をクリックします。

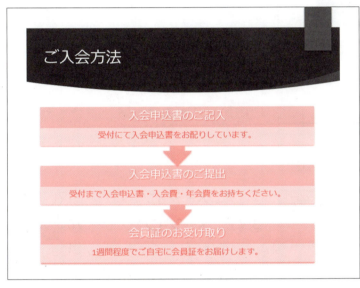

スライドショーが実行されます。

⑩ クリックします。
※ Enter を押してもかまいません。
⑪ SmartArtグラフィックが表示されるときにアニメーションが再生されることを確認します。
※確認できたら、Esc を押してスライドショーを終了しておきましょう。

STEP UP アニメーションの番号

アニメーションの番号は、標準表示モードでリボンの《アニメーション》タブが選択されているときだけ表示されます。スライドショーの実行中やその他のリボンが選択されているときは表示されません。また、アニメーションの番号は印刷されません。

3 効果のオプションの設定

アニメーションの種類によって、動きをアレンジできるものがあります。
たとえば、「**上から**」の動きを「**下から**」に変更したり、「**中央から**」の動きを「**外側から**」に変更したりできます。
初期の設定では、「**下から**」表示される「**フロートイン**」のアニメーションを「**上から**」表示されるように変更しましょう。

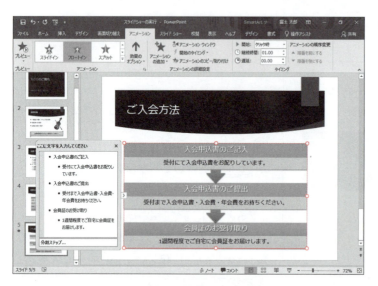

① SmartArtグラフィックを選択します。

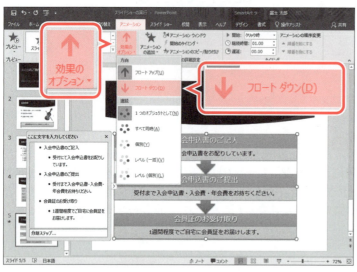

②《アニメーション》タブを選択します。
③《アニメーション》グループの （効果のオプション）をクリックします。
④《方向》の《フロートダウン》をクリックします。

※スライドショーを実行し、アニメーションの動きを確認しておきましょう。確認できたら、[Esc]を押してスライドショーを終了しておきましょう。

STEP UP　アニメーションのプレビュー

標準表示モードでアニメーションを再生できます。
◆サムネイルペインの （アニメーションの再生）をクリック
◆スライドを選択→《アニメーション》タブ→《プレビュー》グループの （アニメーションのプレビュー）

STEP UP　アニメーションの解除

設定したアニメーションを解除する方法は、次のとおりです。
◆オブジェクトを選択→《アニメーション》タブ→《アニメーション》グループの （その他）→《なし》の《なし》

Step3 画面切り替え効果を設定する

1 画面切り替え効果

「**画面切り替え効果**」を設定すると、スライドショーでスライドが切り替わるときに変化を付けることができます。モザイク状に徐々に切り替える、カーテンを開くように切り替える、ページをめくるように切り替えるなど、様々な切り替えが可能です。

画面切り替え効果は、スライドごとに異なる効果を設定したり、すべてのスライドに同じ効果を設定したりできます。

 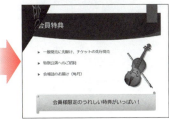 

2 画面切り替え効果の設定

スライド1に「**ピールオフ**」の画面切り替え効果を設定しましょう。
次に、同じ画面切り替え効果をすべてのスライドに適用しましょう。

①スライド1を選択します。
②《**画面切り替え**》タブを選択します。
③《**画面切り替え**》グループの ▼ （その他）をクリックします。

96

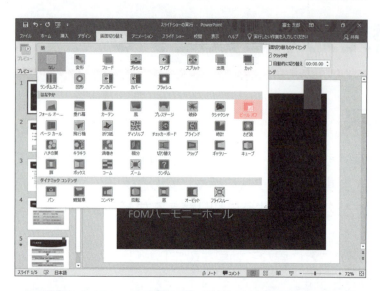

④《はなやか》の《ピールオフ》をクリックします。

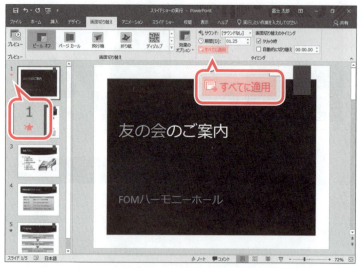

現在選択しているスライドに画面切り替え効果が設定されます。

⑤ サムネイルペインのスライド1に ★ が表示されていることを確認します。

⑥《タイミング》グループの すべてに適用 （すべてに適用）をクリックします。

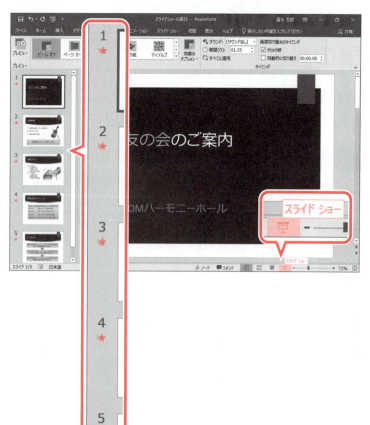

すべてのスライドに画面切り替え効果が設定されます。

⑦ サムネイルペインのすべてのスライドに ★ が表示されていることを確認します。

スライドショーを実行して確認します。

⑧ スライド1が選択されていることを確認します。

⑨ ステータスバーの 豆 （スライドショー）をクリックします。

⑩ スライドが切り替わるときに画面切り替え効果が再生されることを確認します。

※クリックして、最後のスライドまで確認しておきましょう。確認できたら、[Esc]を押してスライドショーを終了しておきましょう。

POINT 効果のオプションの設定

画面切り替え効果の種類によって、動きをアレンジできるものがあります。
画面切り替え効果の動きをアレンジする方法は、次のとおりです。
◆スライドを選択→《画面切り替え》タブ→《画面切り替え効果》グループの ■ (効果のオプション)

STEP UP 画面切り替え効果のプレビュー

標準表示モードで画面切り替え効果を再生できます。
◆サムネイルペインの ■ (アニメーションの再生)をクリック
◆スライドを選択→《画面切り替え》タブ→《プレビュー》グループの ■ (画面切り替えのプレビュー)

STEP UP 画面切り替え効果の解除

設定した画面切り替え効果を解除する方法は、次のとおりです。
◆スライドを選択→《画面切り替え》タブ→《画面切り替え》グループの ■ (その他)→《弱》の《なし》

※すべてのスライドの画面切り替え効果を解除するには、《タイミング》グループの ■ すべてに適用 (すべてに適用)をクリックする必要があります。

Step4 プレゼンテーションを印刷する

1 印刷のレイアウト

作成したプレゼンテーションは、スライドをそのままの形式で印刷したり、配布資料として1枚の用紙に複数のスライドを入れて印刷したりできます。
印刷のレイアウトには、次のようなものがあります。

●フルページサイズのスライド
1枚の用紙全面にスライドを1枚ずつ印刷します。

●ノート
スライドとノートペインに入力したスライドの補足説明が印刷されます。

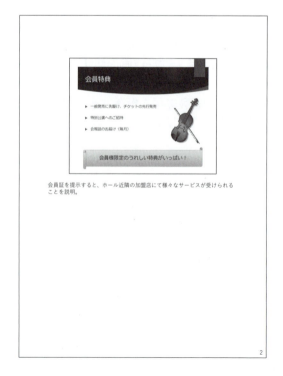

●アウトライン
スライド番号と文字が印刷され、画像や表、グラフなどは印刷されません。

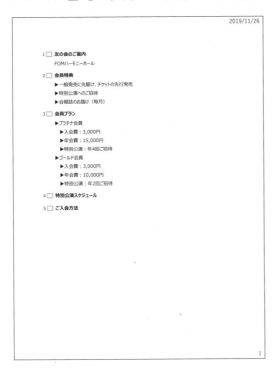

●配布資料
1枚の用紙に、スライドの枚数を指定して印刷します。1枚の用紙に3枚のスライドを印刷するように設定すると、用紙の右半分にメモを書き込む部分が配置されます。

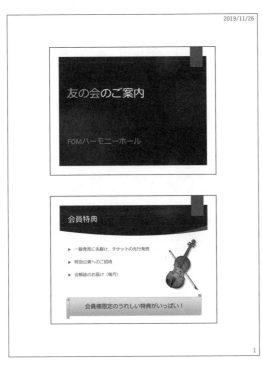

2 ノートの入力

ノートペインにスライドの補足説明を入力し、ノートの形式で印刷しましょう。
「ノートペイン」 とは、作業中のスライドに補足説明を書き込む領域のことです。
ノートペインの表示／非表示を切り替えるには、ステータスバーの ≜ ノート （ノート）をクリックします。
ノートペインを表示し、スライド2にノートを入力しましょう。

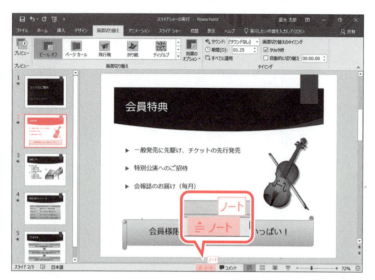

① スライド2を選択します。
② ステータスバーの ≜ ノート （ノート）をクリックします。

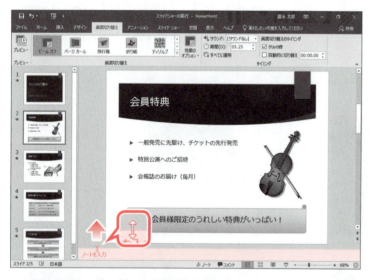

ノートペインが表示されます。
③ スライドペインとノートペインの境界線をポイントします。
マウスポインターの形が ↕ に変わります。
④ 図のようにドラッグします。

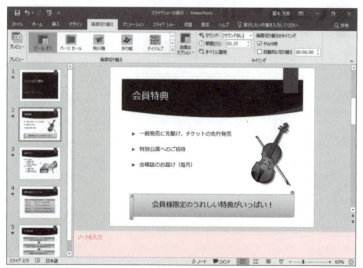

ノートペインの領域が拡大されます。

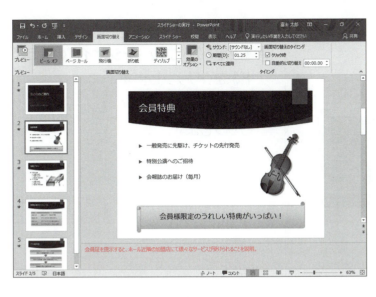

⑤ ノートペイン内をクリックします。
ノートペインにカーソルが表示されます。
⑥ 次のように、文字を入力します。

> 会員証を提示すると、ホール近隣の加盟店にて様々なサービスが受けられることを説明。

3 ノートの印刷

すべてのスライドをノートの形式で印刷する方法を確認しましょう。

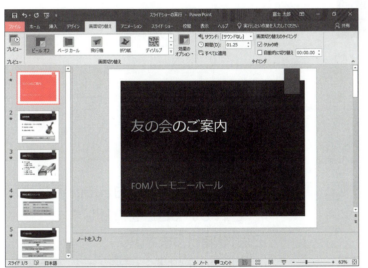

① スライド1を選択します。
②《ファイル》タブを選択します。

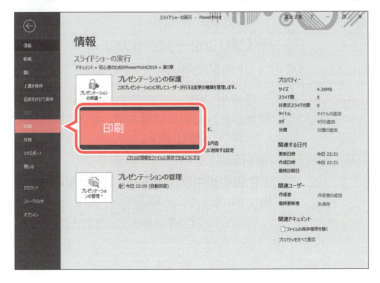

③《印刷》をクリックします。

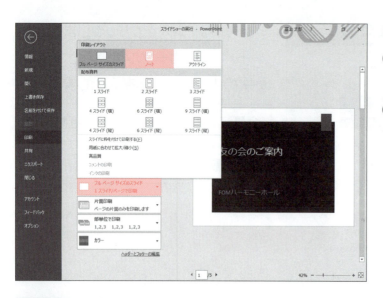

印刷イメージが表示されます。

④《設定》の《フルページサイズのスライド》をクリックします。

⑤《印刷レイアウト》の《ノート》をクリックします。

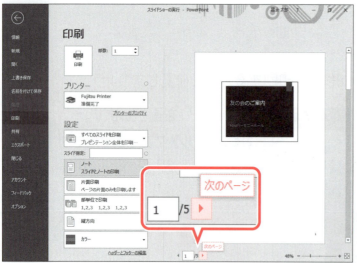

印刷イメージが変更されます。
2ページ目を表示します。

⑥ ▶（次のページ）をクリックします。

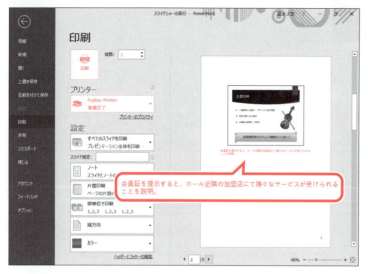

⑦ ノートペインに入力した内容が表示されていることを確認します。

印刷を実行します。

⑧《部数》が「1」になっていることを確認します。

⑨《プリンター》に出力するプリンターの名前が表示されていることを確認します。

※表示されていない場合は、▼をクリックし、一覧から選択します。

⑩《印刷》をクリックします。

※印刷を実行しない場合は、[Esc]を押します。
※ステータスバーの ≜ノート （ノート）をクリックし、ノートペインを非表示にしておきましょう。

Step 5 発表者ツールを使用する

1 発表者ツール

「**発表者ツール**」とは、スライドショーの実行中に発表者だけに表示される画面のことです。パソコンにプロジェクターや外付けモニターを接続して、プレゼンテーションを実施するような場合に使用します。

発表者ツールを使うと、ノートペインの補足説明やスライドショーの経過時間などを、出席者には見せずに、発表者だけが確認できる状態になります。出席者が見るプロジェクターには通常のスライドショーが表示され、発表者が見るパソコンのディスプレイには発表者ツールが表示されるという仕組みです。

104

2 発表者ツールの使用

発表者ツールを使うのは、パソコンにプロジェクターや外付けモニターなどを追加で接続して、プレゼンテーションを実施するような場合です。
ここでは、ノートパソコンにプロジェクターを接続して、ノートパソコンのディスプレイに発表者ツール、プロジェクターにスライドショーを表示する方法を確認しましょう。

①パソコンにプロジェクターを接続します。

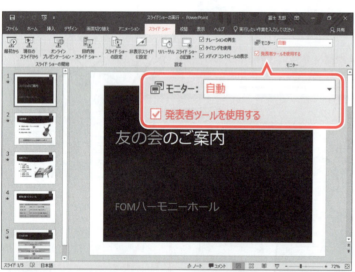

②《スライドショー》タブを選択します。
③《モニター》グループの《モニター》の 自動 （プレゼンテーションの表示先）が《自動》になっていることを確認します。
④《モニター》グループの《発表者ツールを使用する》を ✓ にします。

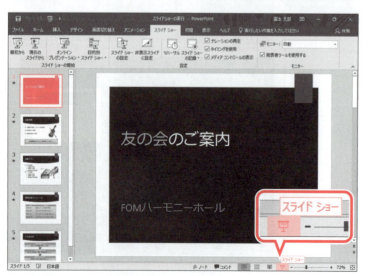

⑤スライド1を選択します。
⑥ステータスバーの 🖵 （スライドショー）をクリックします。

パソコンのディスプレイには、発表者ツールが表示されます。

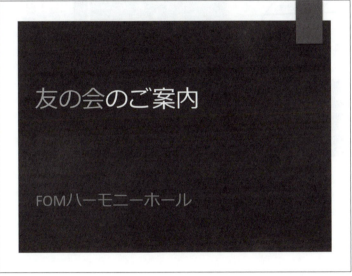

プロジェクターには、スライドショーが表示されます。

> **POINT プロジェクターを接続せずに発表者ツールを表示する**
>
> プロジェクターや外付けモニターを接続しなくても、発表者ツールを使用できます。本番前の練習に便利です。
> プロジェクターを接続せずに発表者ツールを表示する方法は、次のとおりです。
> ◆ステータスバーの 豆 (スライドショー)→スライドを右クリック→《発表者ツールを表示》

3 発表者ツールの画面構成

発表者ツールの画面構成を確認しましょう。

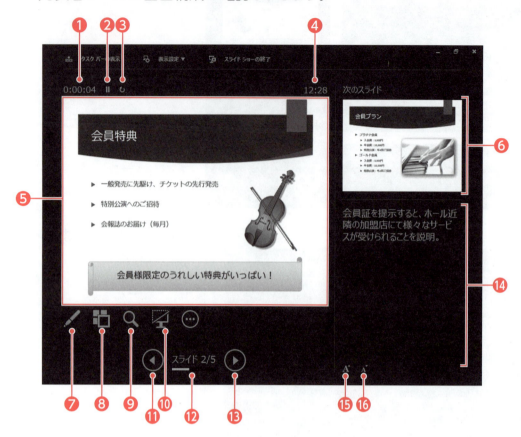

❶タイマー
スライドショーの経過時間が表示されます。

❷ ⏸ (タイマーを停止します)
タイマーのカウントを一時的に停止します。
クリックすると、▶ (タイマーを再開します) に変わります。
▶ (タイマーを再開します) をクリックすると、タイマーのカウントが再開します。

❸ ↻ (タイマーを再スタートします)
タイマーをリセットして、「0:00:00」に戻します。

❹現在の時刻
現在の時刻が表示されます。

❺現在のスライド
プロジェクターに表示されているスライドです。

❻次のスライド
次に表示されるスライドです。

❼ ✎ (ペンとレーザーポインターツール)
ペンや蛍光ペンを使って、スライドに書き込みできます。
※ペンや蛍光ペンを解除するには、[Esc]を押します。

❽ ■ (すべてのスライドを表示します)
すべてのスライドを一覧で表示します。
※一覧からもとの画面に戻るには、[Esc]を押します。

❾ 🔍 (スライドを拡大します)
プロジェクターにスライドの一部を拡大して表示します。
※拡大した画面からもとの画面に戻るには、[Esc]を押します。

❿ ■ (スライドショーをカットアウト/カットイン(ブラック)します)
画面を黒くして、表示中のスライドを一時的に非表示にします。
※黒い画面からもとの画面に戻るには、[Esc]を押します。

⓫ ◀ (前のアニメーションまたはスライドに戻る)
前のアニメーションやスライドを表示します。

⓬ スライド番号/全スライド枚数
表示中のスライドのスライド番号とすべてのスライドの枚数が表示されます。
クリックすると、すべてのスライドが一覧で表示されます。
※一覧からもとの画面に戻るには、[Esc]を押します。

⓭ ▶ (次のアニメーションまたはスライドに進む)
次のアニメーションやスライドを表示します。

⓮ ノート
ノートペインに入力したスライドの補足説明が表示されます。

⓯ A (テキストを拡大します)
ノートの文字を拡大して表示します。

⓰ A (テキストを縮小します)
ノートの文字を縮小して表示します。

4　スライドショーの実行

発表者ツールを使って、スライドショーを実行しましょう。

①スライド1が表示されていることを確認します。
②▶(次のアニメーションまたはスライドに進む)をクリックします。
※スライド上をクリックするか、または[Enter]を押してもかまいません。

108

スライド2が表示されます。

③同様に、最後のスライドまで表示します。

スライドショーが終了すると、《スライドショーの最後です。クリックすると終了します。》というメッセージが表示されます。

④ ▶ (次のアニメーションまたはスライドに進む)をクリックします。

※スライド上をクリックするか、または Enter を押してもかまいません。

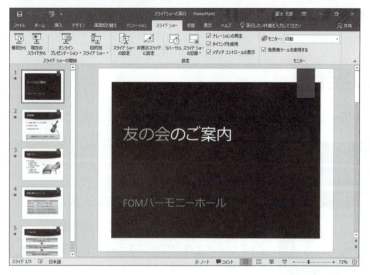

スライドショーが終了し、標準表示モードに戻ります。

5 目的のスライドへジャンプ

発表者ツールの ▦（すべてのスライドを表示します）を使うと、スライドの一覧から目的のスライドを選択してジャンプできます。プロジェクターにはスライドの一覧は表示されず、表示中のスライドから目的のスライドに一気にジャンプしたように見えます。

発表者ツールを使って、スライド4にジャンプしましょう。

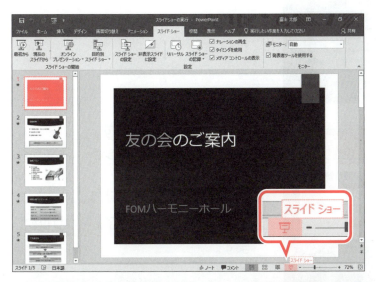

① スライド1を選択します。
② ステータスバーの 🖳 （スライドショー）をクリックします。

パソコンのディスプレイに発表者ツール、プロジェクターにスライドショーが表示されます。
③ ▦ （すべてのスライドを表示します）をクリックします。

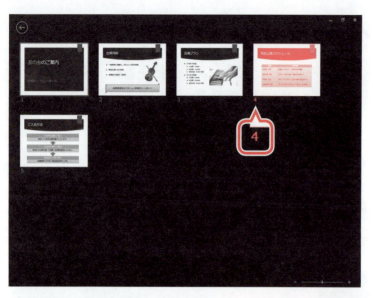

すべてのスライドが一覧で表示されます。
※プロジェクターには一覧は表示されず、直前のスライドが表示されたままの状態になります。

④ スライド4を選択します。

スライド4が表示されます。
※プロジェクターのスライドショーにもスライド4が表示されます。

スライドショーを終了します。

⑤《**スライドショーの終了**》をクリックします。

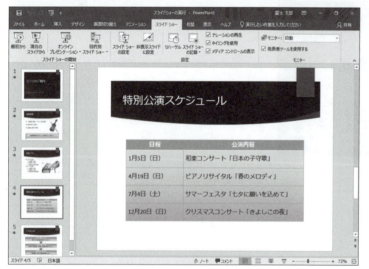

スライドショーが終了します。
※プロジェクターでもスライドショーが終了します。
※パソコンからプロジェクターを取り外しておきましょう。
※プレゼンテーションに「スライドショーの実行完成」と名前を付けて、フォルダー「第5章」に保存し、PowerPointを終了しておきましょう。

総合問題

Exercise

総合問題1	………………………………………………………	113
総合問題2	………………………………………………………	116
総合問題3	………………………………………………………	119
総合問題4	………………………………………………………	121
総合問題5	………………………………………………………	124

総合問題1

解答 ▶ P.127

完成図のようなプレゼンテーションを作成しましょう。

●完成図

1枚目

2枚目

3枚目

4枚目

① PowerPointを起動し、新しいプレゼンテーションを作成しましょう。

② スライドのサイズを「**標準（4：3）**」に変更しましょう。

③ プレゼンテーションにテーマ「**ギャラリー**」を適用しましょう。

④ スライド1に、次のタイトルとサブタイトルを入力しましょう。

タイトル

ボランティア Enter
活動報告

サブタイトル

つばめの会

⑤ サブタイトル「**つばめの会**」のフォントサイズを「**32**」ポイントに変更しましょう。

⑥ スライド1の後ろに、3枚のスライドを挿入しましょう。
3枚ともスライドのレイアウトは「**タイトルとコンテンツ**」にします。

⑦ スライド2に、次のタイトルと箇条書きテキストを入力しましょう。

タイトル

学習活動

箇条書きテキスト

車椅子の体験 Enter
手話講習会の受講 Enter
点字講習会の受講

⑧ スライド2に、フォルダー「**総合問題**」の画像「**手話**」を挿入しましょう。

⑨ 完成図を参考に、スライド2の画像の位置を変更しましょう。

⑩ スライド3に、次のタイトルと箇条書きテキストを入力しましょう。

タイトル

イベント活動

箇条書きテキスト

チャリティーバザーへの参加 [Enter]
児童福祉施設「空のくじら学園」にて [Enter]
チャリティーコンサートへの参加 [Enter]
特別養護老人ホーム「若竹館」にて [Enter]
街頭清掃への参加

⑪ スライド3の箇条書きテキストの2行目「**児童福祉施設「空のくじら学園」にて**」と4行目「**特別養護老人ホーム「若竹館」にて**」のレベルを1段階下げましょう。

⑫ スライド4に、次のタイトルと箇条書きテキストを入力しましょう。

タイトル

身近な回収活動

箇条書きテキスト

ペットボトルキャップ [Enter]
書き損じはがき [Enter]
使用済み切手

⑬ スライド4に、フォルダー「**総合問題**」の画像「**切手**」を挿入しましょう。

⑭ 完成図を参考に、スライド4の画像の位置を変更しましょう。

⑮ スライドショーを実行し、1枚目のスライドから最後のスライドまで確認しましょう。

※ プレゼンテーションに「総合問題1完成」と名前を付けて、フォルダー「総合問題」に保存し、閉じておきましょう。

総合問題2

解答 ▶ P.128

完成図のようなプレゼンテーションを作成しましょう。
※設定する項目名が一覧にない場合は、任意の項目を選択してください。

File OPEN フォルダー「総合問題」のプレゼンテーション「総合問題2」を開いておきましょう。

●完成図

1枚目

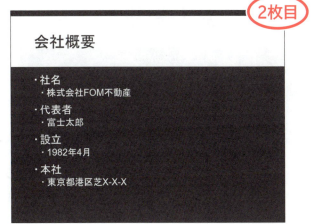
2枚目

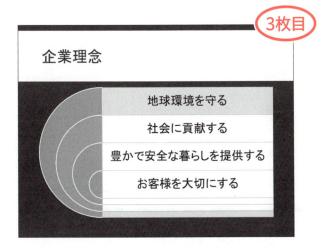
3枚目

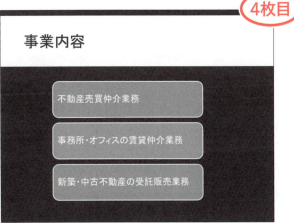
4枚目

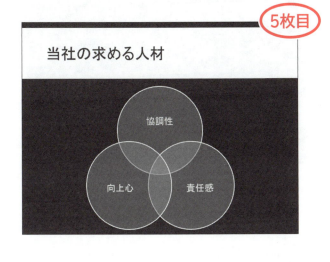
5枚目

① スライド1のタイトル「**会社説明会**」のフォントサイズを「**60**」ポイント、サブタイトル「**株式会社FOM不動産**」のフォントサイズを「**28**」ポイントに変更しましょう。

② スライド1のサブタイトルのプレースホルダーのサイズと位置を、次のように変更しましょう。

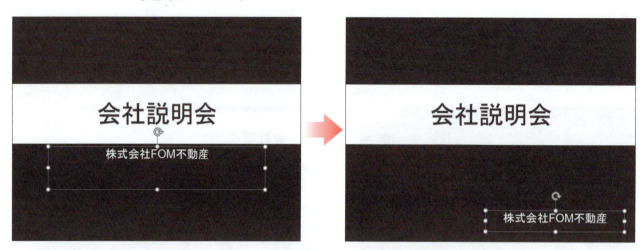

③ スライド4にSmartArtグラフィックの「**基本ベン図**」を作成し、テキストウィンドウを使って、次の項目を入力しましょう。

・協調性
・責任感
・向上心

Hint! 《基本ベン図》は《集合関係》に分類されます。

④ スライド4のSmartArtグラフィックのフォントサイズを「**24**」ポイントに変更しましょう。

⑤ スライド4のSmartArtグラフィックのサイズを、次のように変更しましょう。

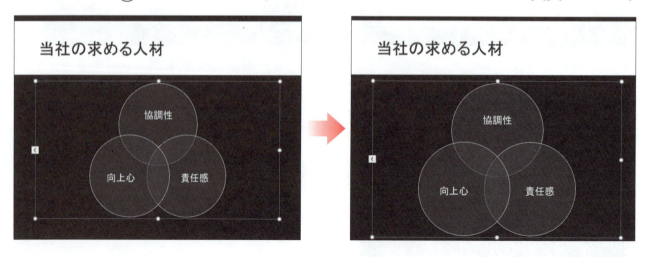

⑥ スライド4のSmartArtグラフィックに、色「**カラフル-アクセント4から5**」と
スタイル「**白枠**」を適用しましょう。

⑦ スライド5にSmartArtグラフィックの「**ターゲットリスト**」を作成し、テキス
トウィンドウを使って、次の項目を入力しましょう。

・**地球環境を守る**
・**社会に貢献する**
・**豊かで安全な暮らしを提供する**

Hint! ・《ターゲットリスト》は《リスト》に分類されます。
・不要な項目は削除します。

⑧ スライド5のSmartArtグラフィックの「**豊かで安全な暮らしを提供する**」の
下に図形をひとつ追加し、「**お客様を大切にする**」と入力しましょう。

⑨ スライド5のSmartArtグラフィックに、色「**カラフル-アクセント4から5**」と
スタイル「**白枠**」を適用しましょう。

⑩ スライド一覧表示モードに切り替えて、スライド5をスライド2の後ろに移動
しましょう。

⑪ スライド一覧表示モードから標準表示モードに戻し、スライド1を表示しま
しょう。

⑫ 配布資料として1枚の用紙に2枚のスライドを印刷しましょう。

※ プレゼンテーションに「総合問題2完成」と名前を付けて、フォルダー「総合問題」に保存し、閉
じておきましょう。

総合問題3

解答 ▶ P.130

完成図のようなプレゼンテーションを作成しましょう。
※設定する項目名が一覧にない場合は、任意の項目を選択してください。

 フォルダー「総合問題」のプレゼンテーション「総合問題3」を開いておきましょう。

●完成図

1枚目

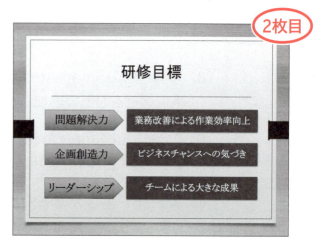
2枚目

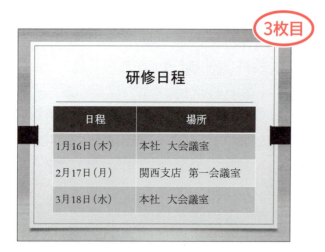
3枚目

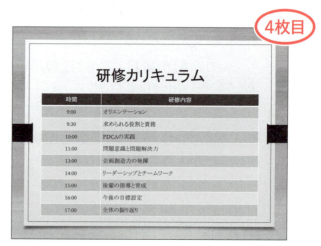
4枚目

5枚目

① 完成図を参考に、スライド2に図形「矢印：五方向」を作成しましょう。
次に、図形内に「問題解決力」と入力しましょう。

② 作成した図形内のすべての文字に、次の書式を設定しましょう。

フォントサイズ ： 28ポイント
太字

Hint! 太字を設定するには、《ホーム》タブ→《フォント》グループの **B** （太字）を使います。

③ 作成した図形に、スタイル「パステル-赤、アクセント4」を適用しましょう。

④ 作成した図形を2つコピーし、図形内の文字を「企画創造力」と「リーダーシップ」にそれぞれ修正しましょう。

Hint! 図形をコピーするには、 Ctrl を押しながら、図形の枠線をドラッグします。

⑤ 完成図を参考に、コピーした図形の位置とサイズを変更しましょう。

⑥ スライド3に2列4行の表を作成し、表内に次の文字を入力しましょう。

日程	場所
1月16日（木）	本社□大会議室
2月17日（月）	関西支店□第一会議室
3月18日（水）	本社□大会議室

※数字は半角で入力します。
※□は全角空白を表します。

⑦ スライド3の表内のすべての文字のフォントサイズを「28」ポイントに変更しましょう。

⑧ 完成図を参考に、スライド3の表の列幅を変更しましょう。

⑨ 完成図を参考に、スライド3の表のサイズを変更しましょう。

⑩ 完成図を参考に、スライド3の表の文字の配置を変更しましょう。

⑪ スライド3の表に、スタイル「中間スタイル2-アクセント4」を適用しましょう。

⑫ スライド4の表の「13：00」と「15：00」の間に1行追加し、次の文字を入力しましょう。

14：00	リーダーシップとチームワーク

※数字と記号は半角で入力します。

⑬ スライド4の表の「12：00」の行を削除しましょう。

※プレゼンテーションに「総合問題3完成」と名前を付けて、フォルダー「総合問題」に保存し、閉じておきましょう。

総合問題4

解答 ▶ P.131

完成図のようなプレゼンテーションを作成しましょう。
※設定する項目名が一覧にない場合は、任意の項目を選択してください。

フォルダー「総合問題」のプレゼンテーション「総合問題4」を開いておきましょう。

● 完成図

1枚目

2枚目

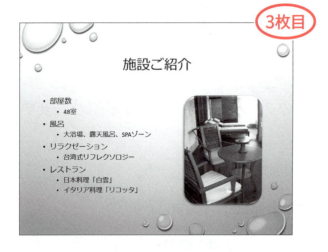
3枚目

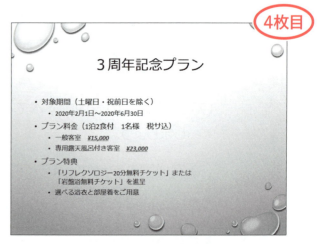
4枚目

5枚目

① プレゼンテーションに適用されているテーマのフォントを「**Calibri　メイリオ　メイリオ**」に変更しましょう。

② スライド1のタイトルのプレースホルダーのサイズを、次のように変更しましょう。

③ スライド1のサブタイトルの「**FOM OASIS CLUB**」に、次の書式を設定しましょう。

フォント	： Constantia
フォントサイズ	： 40ポイント
フォントの色	： 緑、アクセント2
太字	

④ スライド2の箇条書きテキストをSmartArtグラフィックの「**縦方向ボックスリスト**」に変換しましょう。

Hint! 《ホーム》タブ→《段落》グループの （SmartArtグラフィックに変換）を使います。

⑤ SmartArtグラフィックの左半分の図形のフォントサイズを「**24**」ポイント、右半分の図形のフォントサイズを「**20**」ポイントにそれぞれ変更しましょう。

⑥ スライド2のSmartArtグラフィックに、色「**塗りつぶし-アクセント2**」とスタイル「**グラデーション**」を適用しましょう。

⑦ 完成図を参考に、スライド2のSmartArtグラフィックのサイズを変更しましょう。

⑧ スライド3に、フォルダー「**総合問題**」の画像「**宿泊施設**」を挿入しましょう。

122

⑨ スライド3の画像に、スタイル**「四角形、面取り」**を適用しましょう。

⑩ 完成図を参考に、スライド3の画像の位置とサイズを変更しましょう。

⑪ スライド4の「¥15,000」と「¥23,000」に、次の書式を設定しましょう。

フォントの色：濃い赤
太字
斜体
下線

---

⑫ スライド5のSmartArtグラフィックの**「世界のワイン館」**の隣りに図形をひとつ追加し、**「緑が丘ファーム」**と入力しましょう。また、SmartArtグラフィックの図形にフォルダー**「総合問題」**の画像**「緑が丘ファーム」**を挿入しましょう。

Hint! SmartArtグラフィックに画像を挿入するには、SmartArtグラフィックの図形内の をクリックします。

⑬ スライド5のSmartArtグラフィックに、色**「塗りつぶし-アクセント2」**とスタイル**「グラデーション」**を適用しましょう。

⑭ 完成図を参考に、スライド5のSmartArtグラフィックのサイズを変更しましょう。

⑮ パソコンにプロジェクターや外付けモニターを接続して、パソコンのディスプレイに発表者ツール、プロジェクターにスライドショーを表示しましょう。プロジェクターや外付けモニターがない場合は、パソコンのディスプレイに発表者ツールを表示しましょう。

⑯ 発表者ツールを使って最後のスライドまで確認しましょう。確認できたら、発表者ツールを閉じて、標準表示モードに戻しましょう。

※ プレゼンテーションに「総合問題4完成」と名前を付けて、フォルダー「総合問題」に保存し、閉じておきましょう。

総合問題5

解答 ▶ P.134

完成図のようなプレゼンテーションを作成しましょう。
※設定する項目名が一覧にない場合は、任意の項目を選択してください。

File OPEN フォルダー「総合問題」のプレゼンテーション「総合問題5」を開いておきましょう。

●完成図

1枚目

入会者募集のご案内

創作書画サークル　ふわり筆の会

2枚目

創作書画のおもしろさ

- 手軽だけど本格的アート
- 新しい発見
- 無限の可能性

自由な発想で楽しい作品づくり

3枚目

サークル活動の概要

- 活動日時
  - 毎週水曜日　13時～17時（4時間）
- 活動場所
  - 区民文化センター　ミーティング・ルーム
- 年会費
  - 2,000円
    - 施設利用料および会報費にあてさせていただきます。
    - 行事によっては、個別に費用がかかる場合がございます。

4枚目

1日の活動内容

テーマの確認
本日のテーマを確認する
↓
自由制作
自分自身の創造力で自由に作品を作る
↓
意見交換
参加者の作品を見て、感想や意見を交換する

5枚目

年間スケジュール

月	行事
1月	書道大賞への出展
2月	東京アート展の見学
4月	お花見写生大会の実施
7月	ものづくり作品展への出展
10月	いろは美術館の訪問
12月	FOMデパートにて展覧会の開催

① スライド2の箇条書きテキストの行間を標準の2倍に設定しましょう。

② スライド2に、フォルダー**「総合問題」**の画像**「書画」**を挿入しましょう。

③ 完成図を参考に、スライド2の画像の位置とサイズを変更しましょう。

④ 完成図を参考に、スライド2に図形**「十字形」**を作成しましょう。
次に、図形内に**「自由な発想で楽しい作品づくり」**と入力しましょう。

⑤ スライド2の図形内のすべての文字に、次の書式を設定しましょう。

フォント　　　：MSPゴシック
フォントサイズ：28ポイント

---

⑥ スライド2の図形に、スタイル**「枠線-淡色1、塗りつぶし-オレンジ、アクセント2」**を適用しましょう。

⑦ すべてのスライドに**「折り紙」**の画面切り替え効果を設定しましょう。

⑧ スライド2の図形に、**「開始」**の**「ズーム」**のアニメーションを設定しましょう。

⑨ スライド4のSmartArtグラフィックに、**「開始」**の**「ワイプ」**のアニメーションを設定しましょう。

⑩ スライド4のSmartArtグラフィックに設定したアニメーションが、**「上から」**表示されるように設定を変更しましょう。

⑪ スライドショーを実行し、1枚目のスライドから最後のスライドまで確認しましょう。

※プレゼンテーションに「総合問題5完成」と名前を付けて、フォルダー「総合問題」に保存し、閉じておきましょう。

総合問題
解　答

Answer

総合問題解答 ··· 127

総合問題解答

解答

> 設定する項目名が一覧にない場合は、任意の項目を選択してください。

総合問題1

①
①■（スタート）をクリック
②《PowerPoint》をクリック
③《新しいプレゼンテーション》をクリック

②
①《デザイン》タブを選択
②《ユーザー設定》グループの□（スライドのサイズ）をクリック
③《標準（4：3）》をクリック

③
①《デザイン》タブを選択
②《テーマ》グループの▼（その他）をクリック
③《Office》の《ギャラリー》（左から3番目、上から2番目）をクリック

④
省略

⑤
①サブタイトルのプレースホルダーを選択
※サブタイトルの文字をクリックし、枠線をクリックします。
②《ホーム》タブを選択
③《フォント》グループの 16 ▼（フォントサイズ）の▼をクリックし、一覧から《32》を選択

⑥
①《ホーム》タブを選択
②《スライド》グループの（新しいスライド）の 新しいスライド▼ をクリック
③《タイトルとコンテンツ》をクリック
④《スライド》グループの（新しいスライド）を2回クリック

⑦
省略

⑧
①スライド2を選択
②《挿入》タブを選択
③《画像》グループの（図）をクリック
④フォルダー「総合問題」を開く
※《PC》→《ドキュメント》→「初心者のためのPowerPoint2019」→「総合問題」を選択します。
⑤一覧から「手話」を選択
⑥《挿入》をクリック

⑨
①画像をドラッグして、移動

⑩
省略

⑪

①スライド3を選択

②2行目「**児童福祉施設「空のくじら学園」にて**」にカーソルを移動

③《**ホーム**》タブを選択

④《**段落**》グループの 📑 （インデントを増やす）をクリック

⑤同様に、4行目「**特別養護老人ホーム「若竹館」にて**」のレベルを1段階下げる

⑫

省略

⑬

①スライド4を選択

②《**挿入**》タブを選択

③《**画像**》グループの 🖼 （図）をクリック

④フォルダー「**総合問題**」を開く

※《PC》→《ドキュメント》→「初心者のためのPowerPoint2019」→「総合問題」を選択します。

⑤一覧から「**切手**」を選択

⑥《**挿入**》をクリック

⑭

①画像をドラッグして、移動

⑮

①スライド1を選択

②ステータスバーの 🖵 （スライドショー）をクリック

③クリックして、最後のスライドまで確認

総合問題2

①

①スライド1を選択

②タイトルのプレースホルダーを選択

※タイトルの文字をクリックし、枠線をクリックします。

③《**ホーム**》タブを選択

④《**フォント**》グループの 40.5 ▼ （フォントサイズ）の ▼ をクリックし、一覧から《**60**》を選択

⑤同様に、サブタイトルのプレースホルダーを選択し、フォントサイズを「**28**」ポイントに設定

②

①サブタイトルのプレースホルダーを選択

②プレースホルダーの○（ハンドル）をドラッグして、サイズ変更

③プレースホルダーの枠線をドラッグして、移動

③

①スライド4を選択

②コンテンツのプレースホルダーの 📇 （SmartArtグラフィックの挿入）をクリック

③左側の一覧から《**集合関係**》を選択

④中央の一覧から《**基本ベン図**》（左から2番目、上から9番目）を選択

⑤《**OK**》をクリック

⑥テキストウィンドウの1行目に「**協調性**」と入力

⑦テキストウィンドウの2行目に「**責任感**」と入力

⑧テキストウィンドウの3行目に「**向上心**」と入力

④

①SmartArtグラフィックを選択

※SmartArtグラフィック内をクリックし、枠線をクリックします。

②《**ホーム**》タブを選択

③《**フォント**》グループの 18+ ▼ （フォントサイズ）の ▼ をクリックし、一覧から《**24**》を選択

⑤

①SmartArtグラフィックの周囲の〇（ハンドル）をドラッグして、サイズ変更

⑥

①SmartArtグラフィックを選択

②《SmartArtツール》の《デザイン》タブを選択

③《SmartArtのスタイル》グループの（色の変更）をクリック

④《カラフル》の《カラフル-アクセント4から5》（左から4番目）をクリック

⑤《SmartArtのスタイル》グループの（その他）をクリック

⑥《ドキュメントに最適なスタイル》の《白枠》（左から2番目、上から1番目）をクリック

⑦

①スライド5を選択

②コンテンツのプレースホルダーの（SmartArtグラフィックの挿入）をクリック

③左側の一覧から《リスト》を選択

④中央の一覧から《ターゲットリスト》（左から1番目、上から9番目）を選択

⑤《OK》をクリック

⑥テキストウィンドウの1行目に「**地球環境を守る**」と入力

⑦テキストウィンドウの4行目に「**社会に貢献する**」と入力

⑧テキストウィンドウの7行目に「**豊かで安全な暮らしを提供する**」と入力

⑨テキストウィンドウの2行目にカーソルを移動

⑩ Back Space を2回押す

⑪同様に、残りの空白の項目を削除

⑧

①テキストウィンドウの3行目「**豊かで安全な暮らしを提供する**」の後ろにカーソルを移動

② Enter を押して改行

③「**お客様を大切にする**」と入力

⑨

①SmartArtグラフィックを選択

②《SmartArtツール》の《デザイン》タブを選択

③《SmartArtのスタイル》グループの（色の変更）をクリック

④《カラフル》の《カラフル-アクセント4から5》（左から4番目）をクリック

⑤《SmartArtのスタイル》グループの（その他）をクリック

⑥《ドキュメントに最適なスタイル》の《白枠》（左から2番目、上から1番目）をクリック

⑩

①ステータスバーの（スライド一覧）をクリック

②スライド5を選択し、スライド2の右側にドラッグ

⑪

①スライド1をダブルクリック

⑫

①《ファイル》タブを選択

②《印刷》をクリック

③《設定》の《フルページサイズのスライド》をクリック

④《配布資料》の《2スライド》をクリック

⑤《印刷》の《部数》が「1」になっていることを確認

⑥《プリンター》に出力するプリンターの名前が表示されていることを確認

⑦《印刷》をクリック

総合問題3

①
①スライド2を選択

②《挿入》タブを選択

③《図》グループの 🔲 (図形) をクリック

④《ブロック矢印》の 🔲 (矢印：五方向) をクリック

⑤開始位置から終了位置までドラッグして、図形を作成

⑥図形が選択されていることを確認

⑦「問題解決力」と入力

②
①図形を選択

※図形の枠線をクリックします。

②《ホーム》タブを選択

③《フォント》グループの 18 ▾ (フォントサイズ) の ▾ をクリックし、一覧から《28》を選択

④《フォント》グループの B (太字) をクリック

③
①図形を選択

②《書式》タブを選択

③《図形のスタイル》グループの ▾ (その他) をクリック

④《テーマスタイル》の《パステル-赤、アクセント4》(左から5番目、上から4番目) をクリック

④
① Ctrl を押しながら、図形の枠線をドラッグして、図形をコピー

②同様に、3つ目の図形をコピー

③2つ目の図形内の文字を「企画創造力」に修正

④3つ目の図形内の文字を「リーダーシップ」に修正

⑤
①図形の周囲の○ (ハンドル) をドラッグして、サイズ変更

②図形の枠線をドラッグして、移動

⑥
①スライド3を選択

②コンテンツのプレースホルダーの 🔲 (表の挿入) をクリック

③《列数》を「2」に設定

④《行数》を「4」に設定

⑤《OK》をクリック

⑥表に文字を入力

⑦
①表を選択

※表の周囲の枠線をクリックします。

②《ホーム》タブを選択

③《フォント》グループの 18 ▾ (フォントサイズ) の ▾ をクリックし、一覧から《28》を選択

⑧
①1列目の右側の境界線を左方向にドラッグ

⑨
①表の周囲の○ (ハンドル) をドラッグして、サイズ変更

⑩
①表を選択

※表の周囲の枠線をクリックします。

②《レイアウト》タブを選択

③《配置》グループの 🔲 (上下中央揃え) をクリック

④表の1行目を選択

⑤《配置》グループの 🔲 (中央揃え) をクリック

⑪

①表を選択
②《表ツール》の《デザイン》タブを選択
③《表のスタイル》グループの ▼（その他）をクリック
④《中間》の《中間スタイル2-アクセント4》（左から5番目、上から2番目）をクリック

⑫

①スライド4を選択
②表の「15：00」の行にカーソルを移動
③《レイアウト》タブを選択
④《行と列》グループの （上に行を挿入）をクリック
⑤挿入した行に文字を入力

⑬

①表の「12：00」の行にカーソルを移動
②《レイアウト》タブを選択
③《行と列》グループの （表の削除）をクリック
④《行の削除》をクリック

総合問題4

①

①《デザイン》タブを選択
②《バリエーション》グループの ▼（その他）をクリック
③《フォント》をポイントし、《Calibri　メイリオ　メイリオ》をクリック

②

①スライド1を選択
②タイトルのプレースホルダーを選択
③プレースホルダーの周囲の○（ハンドル）をドラッグして、サイズ変更

③

①「FOM OASIS CLUB」を選択
②《ホーム》タブを選択
③《フォント》グループの （フォント）の ▼ をクリックし、一覧から《Constantia》を選択
④《フォント》グループの 22 ▼（フォントサイズ）の ▼ をクリックし、一覧から《40》を選択
⑤《フォント》グループの A▼（フォントの色）の ▼ をクリック
⑥《テーマの色》の《緑、アクセント2》（左から6番目、上から1番目）をクリック
⑦《フォント》グループの B （太字）をクリック

131

④

①スライド2を選択

②箇条書きテキストのプレースホルダーを選択

③《ホーム》タブを選択

④《段落》グループの ▦▾ (SmartArtグラフィックに変換)をクリック

⑤《縦方向ボックスリスト》(左から2番目、上から1番目)をクリック

⑤

①「源泉かけ流し」の図形を選択

②[Shift]を押しながら、「SPAゾーン」と「海を臨む好立地」の図形を選択

③《ホーム》タブを選択

④《フォント》グループの 27 ▾ (フォントサイズ)の▾をクリックし、一覧から《24》を選択

⑤同様に、右半分の図形のフォントサイズを「20」ポイントに設定

⑥

①SmartArtグラフィックを選択

②《SmartArtツール》の《デザイン》タブを選択

③《SmartArtのスタイル》グループの ▦ (色の変更)をクリック

④《アクセント2》の《塗りつぶし-アクセント2》(左から2番目)をクリック

⑤《SmartArtのスタイル》グループの ▾ (その他)をクリック

⑥《ドキュメントに最適なスタイル》の《グラデーション》(左から1番目、上から2番目)をクリック

⑦

①SmartArtグラフィックの周囲の〇(ハンドル)をドラッグして、サイズ変更

⑧

①スライド3を選択

②《挿入》タブを選択

③《画像》グループの ▦ (図)をクリック

④フォルダー「総合問題」を開く

※《PC》→《ドキュメント》→「初心者のためのPowerPoint2019」→「総合問題」を選択します。

⑤一覧から「宿泊施設」を選択

⑥《挿入》をクリック

⑨

①画像を選択

②《書式》タブを選択

③《図のスタイル》グループの ▾ (その他)をクリック

④《四角形、面取り》(左から1番目、上から5番目)をクリック

⑩

①画像をドラッグして、移動

②画像の周囲の〇(ハンドル)をドラッグして、サイズ変更

⑪

①スライド4を選択

②「¥15,000」を選択

③[Ctrl]を押しながら、「¥23,000」を選択

④《ホーム》タブを選択

⑤《フォント》グループの A▾ (フォントの色)の▾をクリック

⑥《標準の色》の《濃い赤》(左から1番目)をクリック

⑦《フォント》グループの B (太字)をクリック

⑧《フォント》グループの I (斜体)をクリック

⑨《フォント》グループの U (下線)をクリック

解答

⑫

① スライド5を選択

② SmartArtグラフィックを選択

③ テキストウィンドウの「**世界のワイン館**」の後ろにカーソルを移動

④ [Enter]を押して改行

⑤「**緑が丘ファーム**」と入力

⑥ SmartArtグラフィックの図形内の 🖼 をクリック

⑦《**ファイルから**》をクリック

⑧ フォルダー「**総合問題**」を開く

※《PC》→《ドキュメント》→「初心者のためのPowerPoint2019」→「総合問題」を選択します。

⑨ 一覧から「**緑が丘ファーム**」を選択

⑩《**挿入**》をクリック

⑬

① SmartArtグラフィックを選択

②《**SmartArtツール**》の《**デザイン**》タブを選択

③《**SmartArtのスタイル**》グループの 色の変更 （色の変更）をクリック

④《**アクセント2**》の《**塗りつぶし-アクセント2**》（左から2番目）をクリック

⑤《**SmartArtのスタイル**》グループの ▼ （その他）をクリック

⑥《**ドキュメントに最適なスタイル**》の《**グラデーション**》（左から1番目、上から2番目）をクリック

⑭

① SmartArtグラフィックの周囲の○（ハンドル）をドラッグして、サイズ変更

⑮

プロジェクターや外付けモニターを接続する場合

① スライド1を選択

②《**スライドショー**》タブを選択

③《**モニター**》グループの《**モニター**》の 自動 ▼ （プレゼンテーションの表示先）が《**自動**》になっていることを確認

④《**モニター**》グループの《**発表者ツールを使用する**》を ✔ にする

⑤ ステータスバーの 🖥 （スライドショー）をクリック

プロジェクターや外付けモニターに接続しない場合

① スライド1を選択

② ステータスバーの 🖥 （スライドショー）をクリック

③ スライドを右クリック

④《**発表者ツールを表示**》をクリック

⑯

① ▶ （次のアニメーションまたはスライドに進む）をクリックして、最後のスライドまで確認

133

総合問題5

①

①スライド2を選択

②箇条書きテキストのプレースホルダーを選択

※箇条書きテキストをクリックし、枠線をクリックします。

③《ホーム》タブを選択

④《段落》グループの ↕≡▾ （行間）をクリック

⑤《2.0》をクリック

②

①スライド2を選択

②《挿入》タブを選択

③《画像》グループの 🖼 （図）をクリック

④フォルダー「**総合問題**」を開く

※《PC》→《ドキュメント》→「初心者のためのPower Point2019」→「総合問題」を選択します。

⑤一覧から「**書画**」を選択

⑥《挿入》をクリック

③

①画像をドラッグして、移動

②画像の周囲の〇（ハンドル）をドラッグして、サイズ変更

④

①《挿入》タブを選択

②《図》グループの 🔷 （図形）をクリック

③《基本図形》の ➕ （十字形）をクリック

④開始位置から終了位置までドラッグして、図形を作成

⑤図形が選択されていることを確認

⑥「**自由な発想で楽しい作品づくり**」と入力

⑤

①図形を選択

※図形の枠線をクリックします。

②《ホーム》タブを選択

③《フォント》グループの HG明朝B 本文 ▾ （フォント）の ▾ をクリックし、一覧から《MSPゴシック》を選択

④《フォント》グループの 18 ▾ （フォントサイズ）の ▾ をクリックし、一覧から《28》を選択

⑥

①図形を選択

②《書式》タブを選択

③《図形のスタイル》グループの ▾ （その他）をクリック

④《テーマスタイル》の《**枠線-淡色1、塗りつぶし-オレンジ、アクセント2**》（左から3番目、上から3番目）をクリック

⑦

①スライド1を選択

②《画面切り替え》タブを選択

③《画面切り替え》グループの ▾ （その他）をクリック

④《はなやか》の《折り紙》をクリック

⑤《タイミング》グループの 🔲 すべてに適用 （すべてに適用）をクリック

⑧

①スライド2を選択

②図形を選択

③《アニメーション》タブを選択

④《アニメーション》グループの ▾ （その他）をクリック

⑤《開始》の《ズーム》をクリック

134

解答

⑨

① スライド4を選択

② SmartArtグラフィックを選択

③ 《アニメーション》タブを選択

④ 《アニメーション》グループの ▾ (その他) を
クリック

⑤ 《開始》の《ワイプ》をクリック

⑩

① SmartArtグラフィックを選択

② 《アニメーション》タブを選択

③ 《アニメーション》グループの 効果の オプション▾ (効果のオ
プション) をクリック

④ 《方向》の《上から》をクリック

⑪

① スライド1を選択

② ステータスバーの 豆 (スライドショー) を
クリック

③ クリックして、最後のスライドまで確認

付録1

Windows 10の
基礎知識

Step1	Windowsの概要	137
Step2	マウス操作とタッチ操作	138
Step3	Windows 10を起動する	140
Step4	Windowsの画面構成	141
Step5	ウィンドウを操作する	144
Step6	ファイルを操作する	153
Step7	Windows 10を終了する	159

Step1 Windowsの概要

付録1　Windows 10の基礎知識

1 Windowsとは

「Windows」は、マイクロソフトが開発した「OS（Operating System）」です。OSは、パソコンを動かすための基本的な機能を提供するソフトウェアで、ハードウェアとアプリケーションソフトの間を取り持つ役割を果たします。OSにはいくつかの種類がありますが、市販のパソコンのOSとしてはWindowsが最も普及しています。

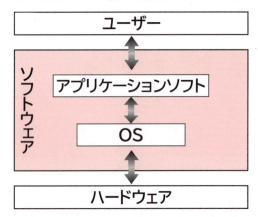

POINT ハードウェアとソフトウェア

パソコン本体、キーボード、ディスプレイ、プリンターなどの各装置のことを「ハードウェア（ハード）」といいます。また、OSやアプリケーションソフトなどのパソコンを動かすためのプログラムのことを「ソフトウェア（ソフト）」といいます。

POINT アプリケーションソフト

「アプリケーションソフト」とは、ワープロソフトや表計算ソフトなどのように、特定の目的を果たすソフトウェアのことです。「アプリケーション」や「アプリ」（以下、「アプリ」と記載）ともいいます。

2 Windows 10とは

Windowsは、時代とともにバージョンアップされ、「Windows 7」「Windows 8」「Windows 8.1」のような製品が提供され、2015年7月に「Windows 10」が新しく登場しました。
このWindows 10は、インターネットに接続されている環境では、自動的に更新される仕組みになっていて、常に機能改善が行われます。この仕組みを「Windows Update」といいます。

※本書は、2019年7月現在のWindows 10（ビルド18362.239）に基づいて解説しています。Windows Updateによって機能が更新された場合には、本書の記載のとおりに操作できなくなる可能性があります。あらかじめご了承ください。

Step 2 マウス操作とタッチ操作

1 マウス操作

パソコンは、主にマウスを使って操作します。マウスは、左ボタンに人さし指を、右ボタンに中指をのせて軽く握ります。机の上などの平らな場所でマウスを動かすと、画面上の ⬉ （マウスポインター）が動きます。
マウスの基本的な操作方法を覚えましょう。

●ポイント
マウスポインターを操作したい場所に合わせます。

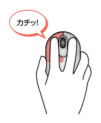

●クリック
マウスの左ボタンを1回押します。

●右クリック
マウスの右ボタンを1回押します。

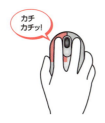

●ダブルクリック
マウスの左ボタンを続けて2回押します。

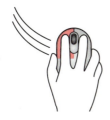

●ドラッグ
マウスの左ボタンを押したまま、マウスを動かします。

POINT　マウスを動かすコツ

マウスを上手に動かすコツは、次のとおりです。
● マウスをディスプレイに対して垂直に置きます。
● マウスが机から出てしまったり物にぶつかったりして、動かせなくなった場合には、いったんマウスを持ち上げて動かせる場所に戻します。マウスを持ち上げている間、画面上のマウスポインターは動きません。

2 タッチ操作

パソコンに接続されているディスプレイがタッチ機能に対応している場合は、マウスの代わりに**「タッチ」**で操作することも可能です。画面に表示されているアイコンや文字に、直接触れるだけでよいので、すぐに慣れて使いこなせるようになります。
タッチの基本的な操作方法を確認しましょう。

●タップ

画面の項目を軽く押します。項目の選択や決定に使います。
2回続けてタップすることを**「ダブルタップ」**といいます。

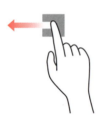

●スライド

画面の項目に指を触れたまま、目的の方向に長く動かします。項目の移動などに使います。

●スワイプ

指を目的の方向に払うように動かします。画面のスクロールなどに使います。

●ピンチ／ストレッチ

2本の指を使って、指と指の間を広げたり（ストレッチ）、狭めたり（ピンチ）します。画面の拡大・縮小などに使います。

●長押し

画面の項目に指を触れ、枠が表示されるまで長めに押したままにします。マウスの右クリックに相当する操作で、ショートカットメニューの表示などに使います。

Step 3 Windows 10を起動する

1 Windows 10の起動

パソコンの電源を入れて、Windowsを操作可能な状態にすることを**「起動」**といいます。Windows 10を起動しましょう。

①パソコン本体の電源ボタンを押して、パソコンに電源を入れます。

ロック画面が表示されます。

※パソコン起動時のパスワードを設定していない場合、この画面は表示されません。

②クリックします。
　※は、マウス操作を表します。
　画面を下端から上端にスワイプします。
　※は、タッチ操作を表します。

パスワード入力画面が表示されます。
※パソコン起動時のパスワードを設定していない場合、この画面は表示されません。

③パスワードを入力します。
※入力したパスワードは「●」で表示されます。
※を押している間、入力したパスワードが表示されます。

④→をクリックまたはタップします。

Windowsが起動し、デスクトップが表示されます。

POINT パスワード・PINの設定

Windows 10にはパスワード以外に「PIN」を設定できます。PINは4桁以上の数字で構成される暗証番号のことで、PINが設定されている場合は、パスワードの代わりにPINを利用してパソコンにサインインすることもできます。
パスワードやPINを設定する方法は、次のとおりです。

パスワードの設定
◆ ⊞（スタート）→ ⚙（設定）→《アカウント》→左側の一覧から《サインインオプション》を選択→《パスワード》

PINの設定
◆ ⊞（スタート）→ ⚙（設定）→《アカウント》→左側の一覧から《サインインオプション》を選択→《Windows Hello 暗証番号（PIN）》
※PINを設定するには、パスワードが設定されている必要があります。

Step4 Windowsの画面構成

1 デスクトップの画面構成

Windowsを起動すると表示される画面を「**デスクトップ**」といいます。
デスクトップの画面構成を確認しましょう。

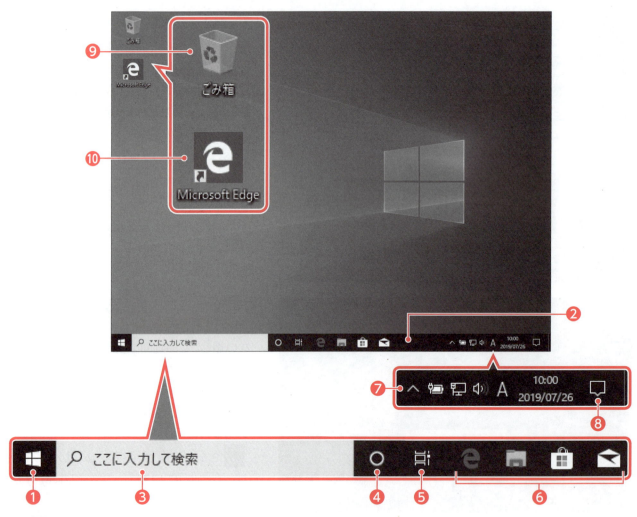

❶ ⊞ （スタート）
選択すると、スタートメニューが表示されます。

❷ タスクバー
作業中のアプリがアイコンで表示される領域です。机の上（デスクトップ）で行っている仕事（タスク）を確認できます。

❸ 検索ボックス
インターネット検索、ファイル検索などを行うときに使います。この領域に調べたい内容のキーワードを入力すると、検索結果が表示されます。

❹ Cortanaに話しかける
マイクを使って音声で話しかけると、問いかけに対してパソコンを操作したり、答えを返してくれたりします。

❺ ▣ （タスクビュー）
複数のアプリを同時に起動している場合に、作業対象のアプリを切り替えます。また、過去に使用したファイルやアクセスしたWebサイトの履歴がタイムラインとして表示されます。
※ ▣ をポイントすると、 ▣ に変わります。

付録1 Windows 10の基礎知識

141

❻ **タスクバーにピン留めされたアプリ**
タスクバーに登録されているアプリを表します。頻繁に使うアプリは、この領域に登録しておくと、アイコンを選択するだけですぐに起動できるようになります。初期の設定では、 (Microsoft Edge)、 (エクスプローラー)、 (Microsoft Store)、 (Mail) が登録されています。

❼ **通知領域**
インターネットの接続状況やスピーカーの設定状況などを表すアイコン、現在の日付と時刻などが表示されます。また、Windowsからユーザーにお知らせがある場合、この領域に通知メッセージが表示されます。

❽ **（通知）**
選択すると、通知メッセージの詳細を確認できます。

❾ **ごみ箱**
不要になったファイルやフォルダーを一時的に保管する場所です。ごみ箱から削除すると、パソコンから完全に削除されます。

❿ **Microsoft Edge**
「Microsoft Edge」のショートカットです。ダブルクリックするとMicrosoft Edgeが起動し、Webページを閲覧できます。

2　スタートメニューの表示

デスクトップの (スタート) を選択して、スタートメニューを表示しましょう。

①　(スタート) をクリックまたはタップします。

スタートメニューが表示されます。

POINT　スタートメニューの表示の解除

スタートメニューの表示を解除する方法は、次のとおりです。
◆ Esc
◆ スタートメニュー以外の場所を選択

142

3 スタートメニューの確認

スタートメニューを確認しましょう。

❶すべてのアプリ

パソコンに搭載されているアプリの一覧を表示します。

アプリは上から**「数字や記号」「アルファベット」「ひらがな」**の順番に並んでいます。

❷ (ユーザー名)

ポイントすると、現在作業しているユーザーの名前が表示されます。

❸ (設定)

パソコンの設定を行うときに使います。

❹ (電源)

Windowsを終了してパソコンの電源を切ったり、Windowsを再起動したりするときに使います。

❺スタートメニューにピン留めされたアプリ

スタートメニューに登録されているアプリを表します。頻繁に使うアプリは、この領域に登録しておくと、選択するだけですばやく起動できるようになります。

Step 5 ウィンドウを操作する

1 アプリの起動

Windowsには、あらかじめ便利なアプリが用意されています。
ここでは、たくさんのアプリの中から**「メモ帳」**を使って、ウィンドウがどういうものなのかを確認しましょう。メモ帳は、テキストファイルを作成したり、編集したりするアプリで、Windowsに標準で搭載されています。
メモ帳を起動しましょう。

① ⊞（スタート）をクリックまたはタップします。

スタートメニューが表示されます。

144

②🖱スクロールバー内のボックスをドラッグして、《W》を表示します。
👆アプリの一覧表示をスワイプして、《W》を表示します。
③《Windowsアクセサリ》をクリックまたはタップします。

《Windowsアクセサリ》の一覧が表示されます。
④《メモ帳》をクリックまたはタップします。

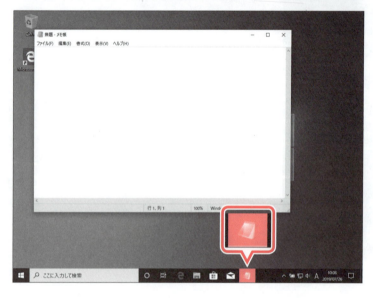

メモ帳が起動します。
⑤タスクバーにメモ帳のアイコンが表示されていることを確認します。

2　ウィンドウの画面構成

起動したアプリは、**「ウィンドウ」**と呼ばれる四角い枠で表示されます。
ウィンドウの画面構成を確認しましょう。

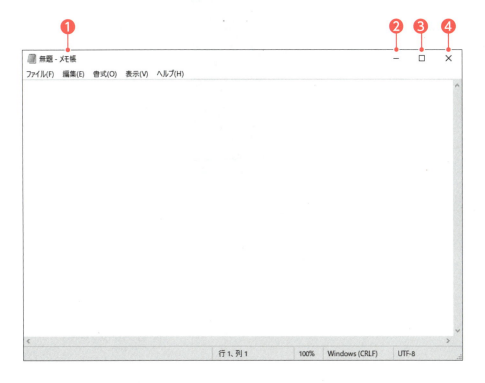

❶ タイトルバー
起動したアプリや開いているファイルの名前が表示されます。

❷ ─ （最小化）
ウィンドウが一時的に非表示になります。
※ウィンドウを再表示するには、タスクバーのアイコンを選択します。

❸ ロ （最大化）
ウィンドウが画面全体に表示されます。
※ウィンドウを最大化すると、 ロ （最大化）は ロ （元に戻す（縮小））に切り替わります。
　ロ （元に戻す（縮小））を選択すると、ウィンドウは最大化する前のサイズに戻ります。

❹ × （閉じる）
ウィンドウが閉じられ、アプリが終了します。

3 ウィンドウの最大化

《メモ帳》ウィンドウを最大化して、画面全体に大きく表示しましょう。

① ロ (最大化) をクリックまたはタップします。

ウィンドウが画面全体に表示されます。
※ ロ (最大化) が ロ (元に戻す(縮小)) に切り替わります。

② ロ (元に戻す(縮小)) をクリックまたはタップします。

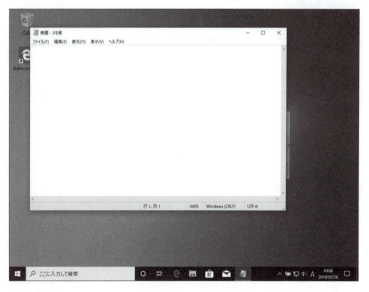

ウィンドウが元のサイズに戻ります。
※ ロ (元に戻す(縮小)) が ロ (最大化) に切り替わります。

4 ウィンドウの最小化

《メモ帳》ウィンドウを一時的に非表示にしましょう。

① ─ （最小化）をクリックまたはタップします。

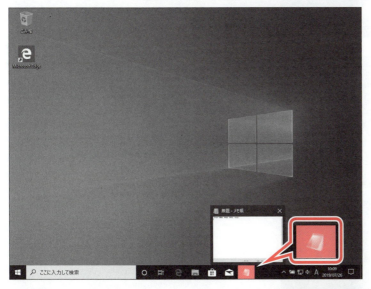

ウィンドウが非表示になります。
② タスクバーにメモ帳のアイコンが表示されていることを確認します。
※ウィンドウを最小化しても、アプリは起動しています。
③ タスクバーのメモ帳のアイコンをクリックまたはタップします。

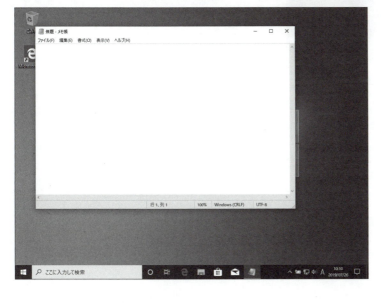

《メモ帳》ウィンドウが再表示されます。

5 ウィンドウの移動

ウィンドウの場所は移動できます。ウィンドウを移動するには、ウィンドウのタイトルバーをドラッグまたはスライドします。
《メモ帳》ウィンドウを移動しましょう。

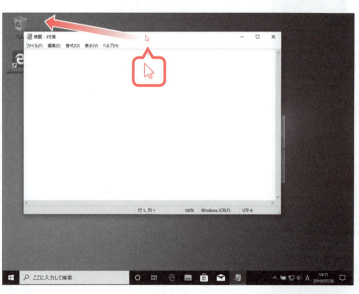

① タイトルバーをポイントし、マウスポインターの形が に変わったら、図のようにドラッグします。
タイトルバーに指を触れたまま、図のようにスライドします。

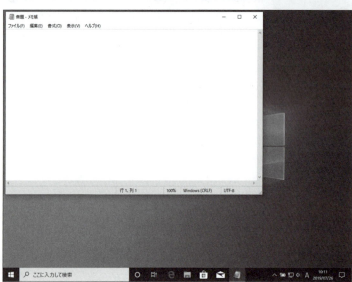

《メモ帳》ウィンドウが移動します。
※指を離した時点で、ウィンドウの位置が確定されます。

6　ウィンドウのサイズ変更

ウィンドウは拡大したり縮小したり、サイズを変更できます。ウィンドウのサイズを変更するには、ウィンドウの周囲の境界線をドラッグまたはスライドします。
《メモ帳》ウィンドウのサイズを変更しましょう。

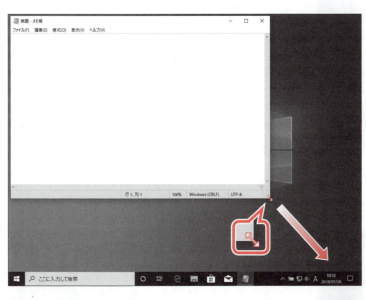

①《メモ帳》ウィンドウの右下の境界線をポイントし、マウスポインターの形が に変わったら、図のようにドラッグします。

　《メモ帳》ウィンドウの右下を図のようにスライドします。

《メモ帳》ウィンドウのサイズが変更されます。
※指を離した時点で、ウィンドウのサイズが確定されます。

タイトルバーによるウィンドウのサイズ変更

ウィンドウのタイトルバーをドラッグまたはスライドすることで、ウィンドウのサイズを変更することもできます。

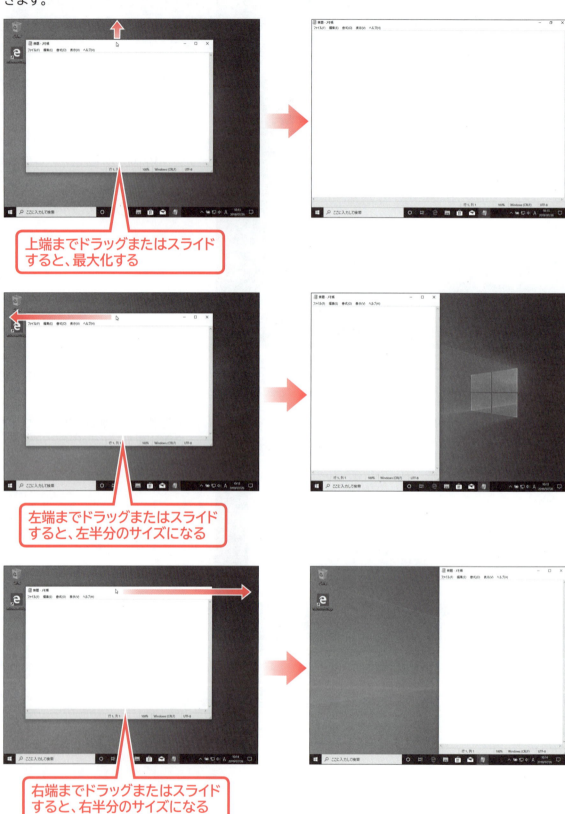

上端までドラッグまたはスライドすると、最大化する

左端までドラッグまたはスライドすると、左半分のサイズになる

右端までドラッグまたはスライドすると、右半分のサイズになる

7 アプリの終了

ウィンドウを閉じると、アプリは終了します。メモ帳を終了しましょう。

① ✕ （閉じる）をクリックまたはタップします。

ウインドウが閉じられ、メモ帳が終了します。

② タスクバーからメモ帳のアイコンが消えていることを確認します。

POINT 終了時のメッセージ

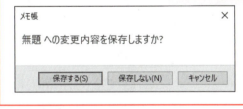

メモ帳で作成した文書を保存せずに終了しようとすると、保存するかどうかを確認するメッセージが表示されます。保存する場合は《保存する》、保存しない場合は《保存しない》を選択します。

POINT 「最小化」と「閉じる」の違い

－（最小化）をクリックすると、一時的にウィンドウが非表示になります。アプリは起動したままの状態のため、タスクバーのアイコンをクリックすれば、ウィンドウをすぐにもとの表示に戻せます。
✕（閉じる）をクリックすると、ウィンドウが閉じられるだけでなくアプリも終了します。タスクバーからアイコンも消えます。
ほかの作業の邪魔にならないように作業を一時中断する場合は －（最小化）、作業を終了する場合は ✕（閉じる）を使います。

Step 6 ファイルを操作する

1 ファイル管理

Windowsには、アプリで作成したファイルを管理する機能が備わっています。ファイルをコピーしたり移動したり、フォルダーごとに分類したりできます。
ファイルはアイコンで表示されます。アイコンの絵柄は、作成するアプリの種類によって決まっています。

　　メモ帳　　　　　Word　　　　　Excel

2 ファイルのコピー

ファイルを「**コピー**」すると、そのファイルとまったく同じ内容のファイルをもうひとつ複製できます。
《ドキュメント》にあるファイルをデスクトップにコピーする方法を確認しましょう。
※本書では、《ドキュメント》にあらかじめファイル「練習」を用意して操作しています。

① タスクバーの ■ (エクスプローラー)をクリックまたはタップします。

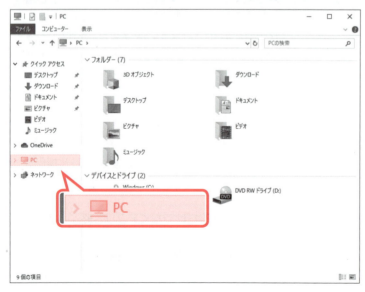

エクスプローラーが起動します。
②《PC》をクリックまたはタップします。
③《PC》の左側の > をクリックまたはタップします。

付録1　Windows 10の基礎知識

153

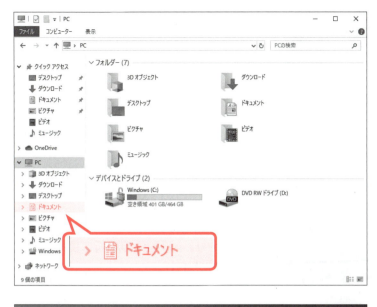

《PC》の一覧が表示されます。
④左側の一覧から《ドキュメント》をクリックまたはタップします。

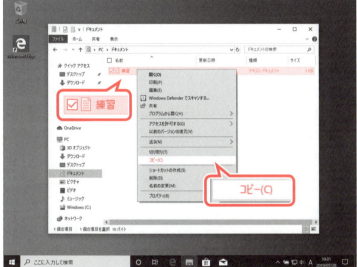

《ドキュメント》が表示されます。
⑤コピーするファイルをクリックまたはタップします。
⑥🖱コピーするファイルを右クリックします。
　👆コピーするファイルを長押しします。
ショートカットメニューが表示されます。
⑦《コピー》をクリックまたはタップします。

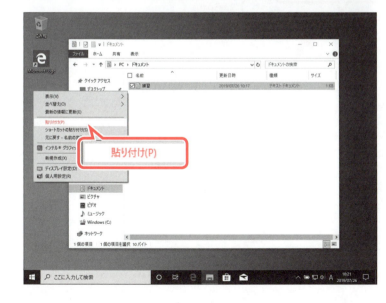

⑧🖱デスクトップの空き領域を右クリックします。
　👆デスクトップの空き領域を長押しします。
ショートカットメニューが表示されます。
⑨《貼り付け》をクリックまたはタップします。

154

デスクトップにファイルがコピーされます。

> **POINT ファイルの移動**
>
> ファイルを移動する方法は、次のとおりです。
> ◆ 🖱 移動元のファイルを右クリック→《切り取り》→移動先の場所を右クリック→《貼り付け》
> 👆 移動元のファイルを長押し→《切り取り》→移動先の場所を長押し→《貼り付け》

3 ファイルの削除

パソコン内のファイルは、誤って削除することを防ぐために、2段階の操作で完全に削除されます。

ファイルを削除すると、いったん「**ごみ箱**」に入ります。ごみ箱は、削除されたファイルを一時的に保管しておく場所です。ごみ箱にあるファイルはいつでも復元して、もとに戻すことができます。ごみ箱からファイルを削除すると、完全にファイルはなくなり、復元できなくなります。十分に確認した上で、削除の操作を行いましょう。

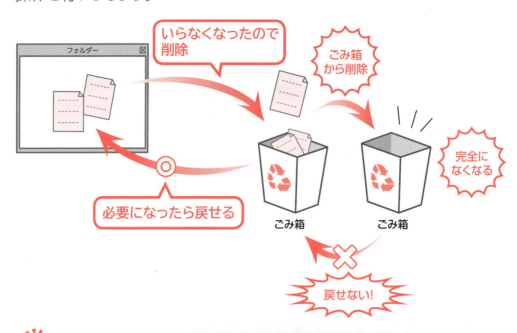

> **POINT ごみ箱のアイコン**
>
> ごみ箱のアイコンは、状態によって、次のように絵柄が異なります。
>
> ●ごみ箱が空の状態　　　　●ごみ箱にファイルが入っている状態
>
>

1 ごみ箱にファイルを入れる

《ドキュメント》にあるファイルを削除する方法を確認しましょう。

①《ごみ箱》が 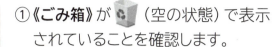（空の状態）で表示されていることを確認します。
②《ドキュメント》が表示されていることを確認します。
③削除するファイルをクリックまたはタップします。
④ 削除するファイルを右クリックします。
　削除するファイルを長押しします。
ショートカットメニューが表示されます。
⑤《削除》をクリックまたはタップします。

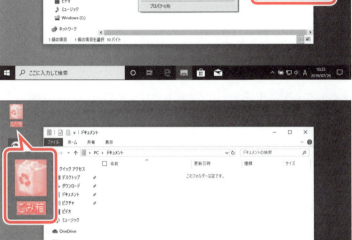

ファイルが《ドキュメント》から削除され、ごみ箱に入ります。
⑥《ごみ箱》が （ファイルが入っている状態）に変わっていることを確認します。
※ ×（閉じる）を選択し、《ドキュメント》を閉じておきましょう。

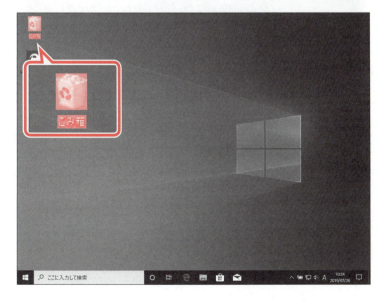

削除したファイルがごみ箱に入っていることを確認します。
⑦ 《ごみ箱》をダブルクリックします。
　《ごみ箱》をダブルタップします。

156

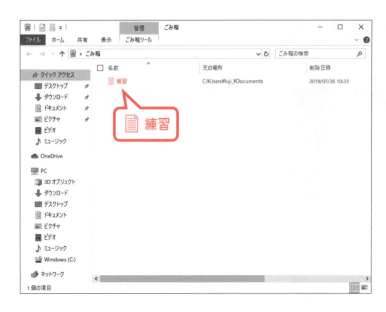

《ごみ箱》が表示されます。
⑧削除したファイルが表示されていることを確認します。

2 ごみ箱からファイルを削除する

《ごみ箱》に入っているファイルを削除すると、ファイルは完全にパソコンからなくなります。
《ごみ箱》に入っているファイルを削除しましょう。

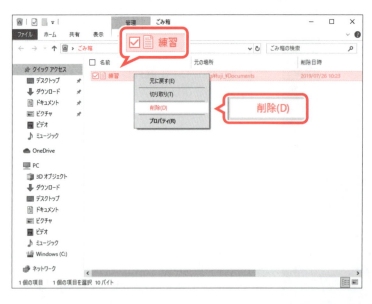

①《ごみ箱》が表示されていることを確認します。
②削除するファイルをクリックまたはタップします。
③ 🖱 削除するファイルを右クリックします。
　　👆 削除するファイルを長押しします。
ショートカットメニューが表示されます。
④《削除》をクリックまたはタップします。

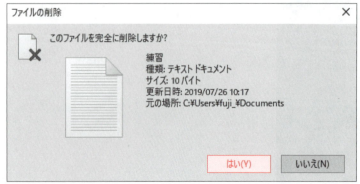

《ファイルの削除》が表示されます。
⑤《はい》をクリックまたはタップします。

《ごみ箱》内からファイルが削除されます。
※《ごみ箱》からすべてのファイルが削除されると、デスクトップの《ごみ箱》が （空の状態）に変わります。
※ × （閉じる）を選択し、《ごみ箱》を閉じておきましょう。

STEP UP ごみ箱のファイルをもとに戻す

ごみ箱に入っているファイルをもとに戻す方法は、次のとおりです。

◆ （ごみ箱）をダブルクリック→ファイルを右クリック→《元に戻す》

 （ごみ箱）をダブルタップ→ファイルを長押し→《元に戻す》

STEP UP ごみ箱を空にする

ごみ箱に入っているファイルをまとめて削除して、ごみ箱を空にする方法は、次のとおりです。

◆ （ごみ箱）をダブルクリック→《ごみ箱ツール》タブ→《管理》グループの （ごみ箱を空にする）→《はい》

 （ごみ箱）をダブルタップ→《ごみ箱ツール》タブ→《管理》グループの （ごみ箱を空にする）→《はい》

POINT ごみ箱に入らないファイル

USBメモリなど、持ち運びできる媒体に保存されているファイルは、ごみ箱に入らず、すぐに削除されてしまいます。いったん削除すると、もとに戻せないので、十分に注意しましょう。

Step 7 Windows 10を終了する

1 Windows 10の終了

パソコンの作業を終わることを**「終了」**といいます。Windowsの作業を終了し、パソコンの電源を完全に切るには、**「シャットダウン」**を実行します。
Windows 10を終了し、パソコンの電源を切りましょう。

① ⊞（スタート）をクリックまたはタップします。
② ⏻（電源）をクリックまたはタップします。

③《シャットダウン》をクリックまたはタップします。
Windowsが終了し、パソコンの電源が切断されます。

POINT シャットダウンとスリープ

Windowsには「シャットダウン」と「スリープ」という終了方法があります。「シャットダウン」で終了すると、パソコンの電源が完全に切断されます。電源が切断されると作業状態が失われるため、保存しておきたいデータは保存してからシャットダウンします。
スリープで終了すると、パソコンが省電力状態になります。スリープ状態になる直前の作業状態が保存されるため、アプリが起動中でもかまいません。スリープ状態を解除すると、保存されていた作業状態に戻るので、作業をすぐに再開できます。パソコンがスリープの間、微量の電力が消費されます。
◆⊞（スタート）→⏻（電源）→《スリープ》
※スリープ状態を解除するには、パソコン本体の電源ボタンを押します。

付録1 Windows 10の基礎知識

付録2

Office 2019の基礎知識

Step1	コマンドを実行する	161
Step2	タッチモードに切り替える	167
Step3	タッチで操作する	169
Step4	タッチキーボードを利用する	175
Step5	タッチで範囲を選択する	179
Step6	操作アシストを利用する	183

Step1 コマンドを実行する

1 コマンドの実行

作業を進めるための指示を「**コマンド**」、指示を与えることを「**コマンドを実行する**」といいます。コマンドを実行して、書式を設定したり、ファイルを保存したりします。
コマンドを実行する方法には、次のようなものがあります。
作業状況や好みに合わせて、使いやすい方法で操作しましょう。

- ●リボン
- ●バックステージビュー
- ●ミニツールバー
- ●クイックアクセスツールバー
- ●ショートカットメニュー
- ●ショートカットキー

2 リボン

「**リボン**」には、機能を実現するための様々なコマンドが用意されています。
ユーザーは、リボンを使って行いたい作業を選択します。
リボンの各部の名称と役割は、次のとおりです。

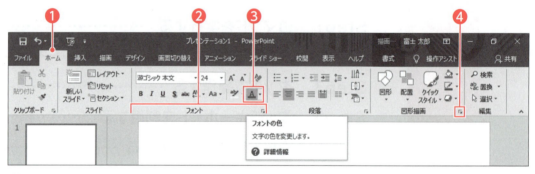

❶タブ
関連する機能ごとに、ボタンが分類されています。

❷グループ
各タブの中で、関連するボタンがグループごとにまとめられています。

❸ボタン
ポイントすると、ボタンの名前と説明が表示されます。クリックすると、コマンドが実行されます。▼が表示されているボタンは、▼をクリックすると、一覧に詳細なコマンドが表示されます。

❹起動ツール
クリックすると、「**ダイアログボックス**」や「**作業ウィンドウ**」が表示されます。

POINT その他のタブ

表や図形などが操作対象のとき、新しいタブが自動的に表示されます。
操作対象に応じてリボンの内容が切り替わるので、目的のコマンドを探しやすくなっています。

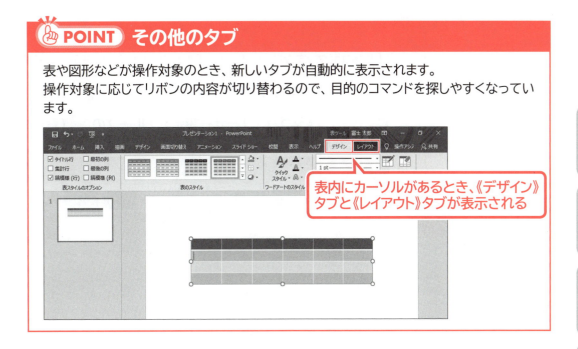

表内にカーソルがあるとき、《デザイン》タブと《レイアウト》タブが表示される

STEP UP ダイアログボックス

リボンのボタンをクリックすると、「ダイアログボックス」が表示される場合があります。ダイアログボックスでは、コマンドを実行するための詳細な設定を行います。
ダイアログボックスの各部の名称と役割は、次のとおりです。

●《ホーム》タブ→《フォント》グループの 🗔 (フォント)をクリックした場合

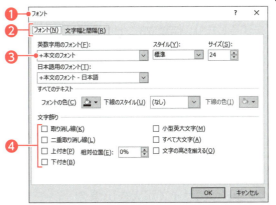

❶ タイトルバー

ダイアログボックスの名称が表示されます。

❷ タブ

ダイアログボックス内の項目が多い場合に、関連する項目ごとに見出し(タブ)が表示されます。タブを切り替えて、複数の項目をまとめて設定できます。

❸ ドロップダウンリストボックス

をクリックすると、選択肢が一覧で表示されます。

❹ チェックボックス

クリックして、選択します。
☑ オン(選択されている状態)
☐ オフ(選択されていない状態)

●《ホーム》タブ→《段落》グループの 🗔 (段落)→《タブとリーダー》をクリックした場合

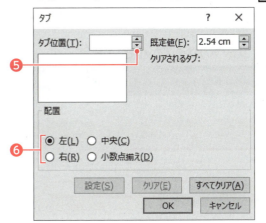

❺ スピンボタン

クリックして、数値を指定します。
テキストボックスに数値を直接入力することもできます。

❻ オプションボタン

クリックして、選択肢の中からひとつだけ選択します。
◉ オン(選択されている状態)
◯ オフ(選択されていない状態)

162

STEP UP 作業ウィンドウ

リボンのボタンをクリックすると、「作業ウィンドウ」が表示される場合があります。
選択したコマンドによって、作業ウィンドウの使い方は異なります。
作業ウィンドウの各部の名称と役割は、次のとおりです。

●《デザイン》タブ→《ユーザー設定》グループの ![背景の書式設定] （背景の書式設定）をクリックした場合

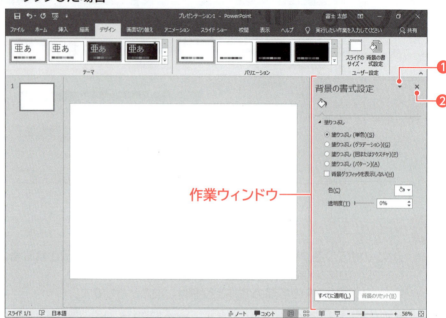

❶ ▼ （作業ウィンドウオプション）
作業ウィンドウのサイズや位置を変更したり、作業ウィンドウを閉じたりします。

❷ × （閉じる）
作業ウィンドウを閉じます。

STEP UP ボタンの形状

ディスプレイの画面解像度やウィンドウのサイズによって、ボタンの形状やサイズが異なる場合があります。

●画面解像度が高い場合／ウィンドウのサイズが大きい場合

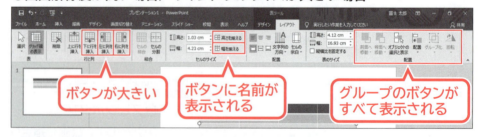

●画面解像度が低い場合／ウィンドウのサイズが小さい場合

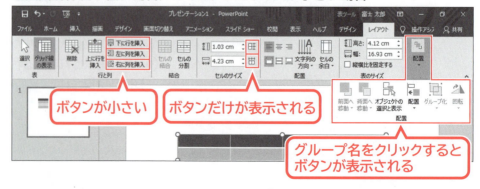

3 バックステージビュー

《ファイル》タブをクリックすると表示される画面を「バックステージビュー」といいます。

バックステージビューには、ファイルや印刷などの文書全体を管理するコマンドが用意されています。左側の一覧にコマンドが表示され、右側にはコマンドに応じて、操作をサポートする様々な情報が表示されます。

●《ファイル》タブ→《印刷》をクリックした場合

左側の一覧から
コマンドを選択すると

右側にコマンドに応じた
情報が表示される

※コマンドによっては、クリックするとすぐにコマンドが実行され、右側に情報が表示されない場合もあります。

STEP UP バックステージビューの表示の解除

《ファイル》タブをクリックしたあと、バックステージビューを解除してもとの表示に戻る方法は、次のとおりです。
◆左上の ← をクリック
◆ Esc

4　ミニツールバー

文字を選択したり、選択した範囲を右クリックしたりすると、文字の近くに「ミニツールバー」が表示されます。
ミニツールバーには、よく使う書式設定のボタンが用意されています。

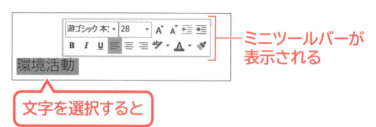

ミニツールバーが表示される

文字を選択すると

STEP UP　ミニツールバーの表示の解除

ミニツールバーの表示を解除する方法は、次のとおりです。
◆ Esc
◆ ミニツールバーが表示されていない場所をポイント

5　クイックアクセスツールバー

「**クイックアクセスツールバー**」には、あらかじめいくつかのコマンドが登録されていますが、あとからユーザーがよく使うコマンドを自由に登録することもできます。クイックアクセスツールバーにコマンドを登録しておくと、リボンのタブを切り替えたり階層をたどったりする手間が省けるので効率的です。

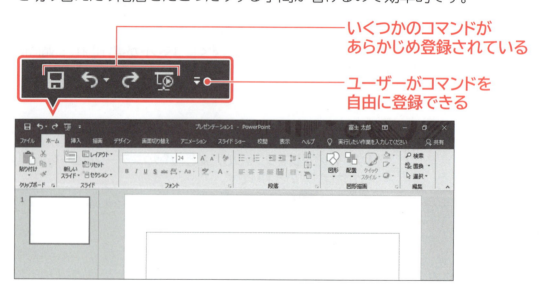

いくつかのコマンドがあらかじめ登録されている

ユーザーがコマンドを自由に登録できる

165

6　ショートカットメニュー

任意の場所を右クリックすると、**「ショートカットメニュー」**が表示されます。
ショートカットメニューには、作業状況に合ったコマンドが表示されます。

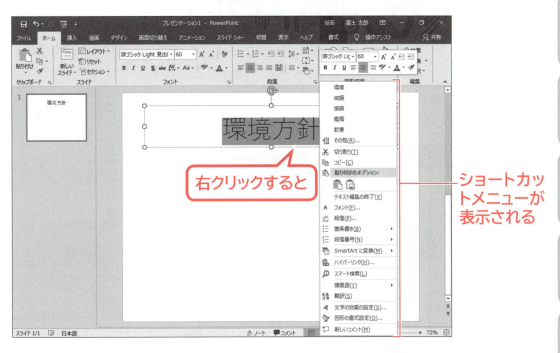

STEP UP　ショートカットメニューの表示の解除

ショートカットメニューの表示を解除する方法は、次のとおりです。
◆ Esc
◆ ショートカットメニューが表示されていない場所をクリック

7　ショートカットキー

よく使うコマンドには、**「ショートカットキー」**が割り当てられています。キーボードのキーを押すことでコマンドが実行されます。
キーボードからデータを入力したり編集したりしているときに、マウスに持ち替えることなくコマンドを実行できるので効率的です。
リボンやクイックアクセスツールバーのボタンをポイントすると、コマンドによって対応するショートカットキーが表示されます。

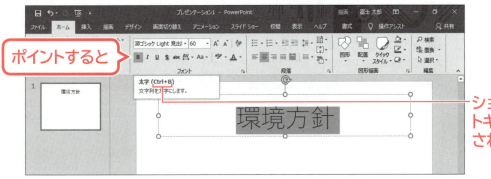

166

Step2 タッチモードに切り替える

1 タッチ対応ディスプレイ

パソコンに接続されているディスプレイがタッチ機能に対応している場合は、マウスの代わりに**「タッチ」**で操作することも可能です。画面に表示されているアイコンや文字に、直接触れるだけでよいので、すぐに慣れて使いこなせるようになります。

2 タッチモードへの切り替え

Office 2019には、タッチ操作に適した**「タッチモード」**が用意されています。画面をタッチモードに切り替えると、リボンに配置されたボタンの間隔が広がり、指でボタンを押しやすくなります。

POINT マウスモード

タッチモードに対して、マウス操作に適した標準の画面を「マウスモード」といいます。

●マウスモードのリボン

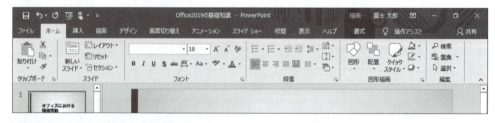

●タッチモードのリボン

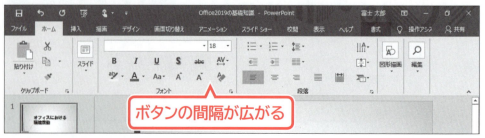

ボタンの間隔が広がる

マウスモードからタッチモードに切り替えましょう。

PowerPointを起動し、フォルダー「付録2」のプレゼンテーション「Office2019の基礎知識」を開いておきましょう。

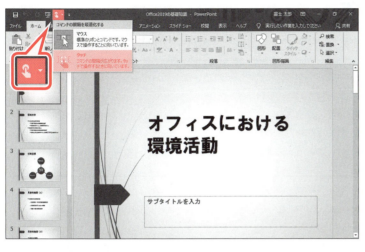

①クイックアクセスツールバーの （タッチ/マウスモードの切り替え）を選択します。

※表示されていない場合は、クイックアクセスツールバーの （クイックアクセスツールバーのユーザー設定）→《タッチ/マウスモードの切り替え》を選択します。

②《タッチ》を選択します。

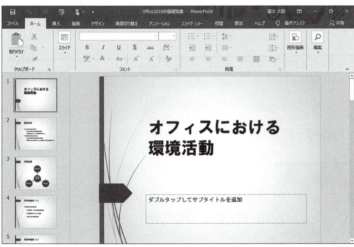

タッチモードに切り替わります。

③ボタンの間隔が広がっていることを確認します。

STEP UP インク

タッチ対応のパソコンでは、《描画》タブが表示されます。
 （描画）を選択すると、フリーハンドでオリジナルのイラストや文字を描画できます。

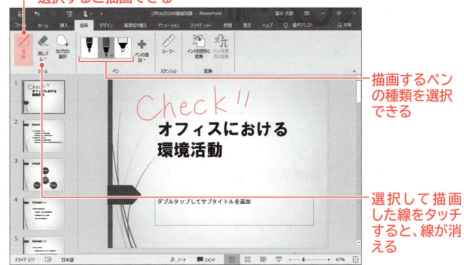

- 選択すると描画できる
- 描画するペンの種類を選択できる
- 選択して描画した線をタッチすると、線が消える

Step3 タッチで操作する

1 タッチの基本操作

タッチで操作する場合に覚えておきたいのは、次の5つの基本操作です。

- ●タップ
- ●スワイプ
- ●ピンチとストレッチ
- ●スライド
- ●長押し

2 タップ

マウスでクリックする操作は、タッチの**「タップ」**という操作にほぼ置き換えることができます。

タップとは、選択対象を軽く押す操作です。リボンのタブを切り替えたり、ボタンを選択したりするときに使います。

実際にタップを試してみましょう。

ここでは、テーマの配色を「**黄緑**」に変更します。

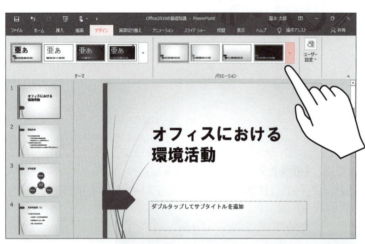

①《**デザイン**》タブをタップします。
②《**バリエーション**》グループの ▼ (その他) をタップします。

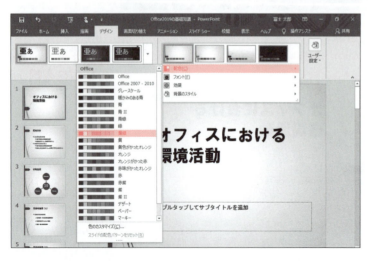

③《**配色**》をタップします。
④《**黄緑**》をタップします。

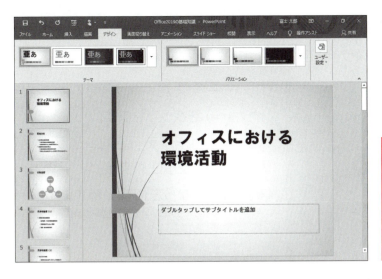

テーマの配色が変更されます。

POINT ダブルタップ

選択対象をすばやく2回続けてタップする操作を「ダブルタップ」といいます。プレースホルダーに文字を追加するときなどに使います。

3 スワイプ

「**スワイプ**」とは、指を目的の方向に払うように動かす操作です。画面をスクロールするときに使います。
実際にスワイプを試してみましょう。

1 サムネイルペインのスクロール

サムネイルペインをスクロールしましょう。

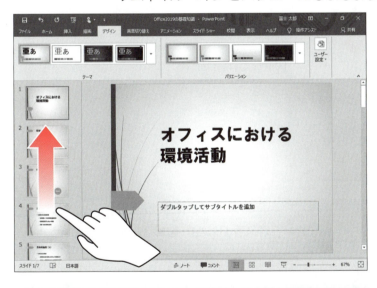

①サムネイルペインで下から上に軽く払います。

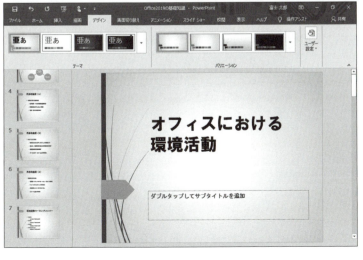

サムネイルペインがスクロールします。

POINT 画面のスクロール幅

指が画面に軽く触れた状態で払うと、大きくスクロールします。
指が画面にしっかり触れた状態でなぞるように動かすと、動かした分だけスクロールします。

2 スライドショーのスライド切り替え

スライドショーを実行し、スライドを切り替えましょう。

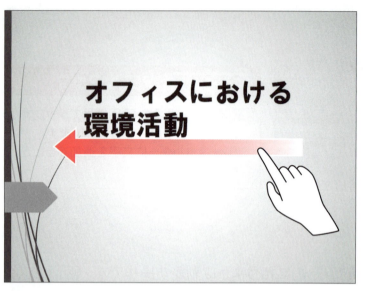

①ステータスバーの ▭ （スライドショー）をタップします。
スライドショーが実行され、スライドが画面全体に表示されます。
②画面を右から左に払います。

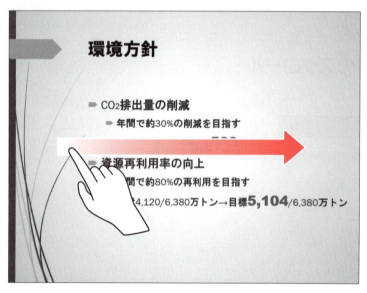

次のスライドに進みます。
③画面を左から右に払います。

前のスライドに戻ります。
※スライドショーを終了しておきましょう。

4 ピンチとストレッチ

「ピンチ」とは、2本の指を使って、指と指の間を狭める操作です。**「ストレッチ」**とは、2本の指を使って、指と指の間を広げる操作です。
スライドの表示倍率を拡大したり縮小したりするときに使います。
実際にピンチとストレッチを試してみましょう。

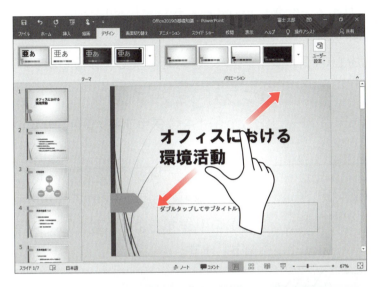

①スライドの上で指と指の間を広げます。

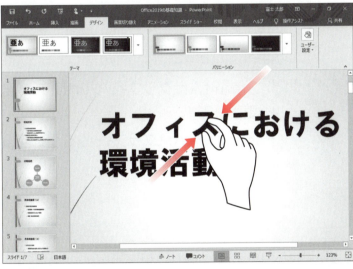

スライドの表示倍率が拡大されます。
②スライドの上で指と指の間を狭めます。

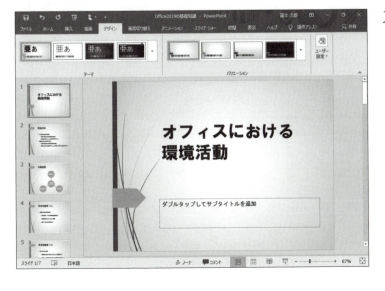

スライドの表示倍率が縮小されます。

5 スライド

操作対象を選択して、引きずるように動かす操作をマウスで **「ドラッグ」** といいますが、タッチでは同様の操作を **「スライド」** といいます。
マウスでは机上をドラッグしますが、タッチでは指を使って画面上をスライドします。
図形や画像を移動したり、サイズを変更したりするときなどに使います。
実際にスライドを試してみましょう。
ここでは、スライド3のSmartArtグラフィックのサイズを変更し、移動します。

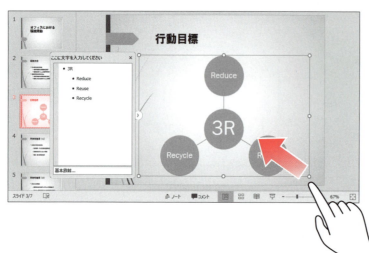

①スライド3をタップします。
②SmartArtグラフィックをタップします。
SmartArtグラフィックが選択されます。
③SmartArtグラフィックの○（ハンドル）を引きずるように動かしてスライドします。

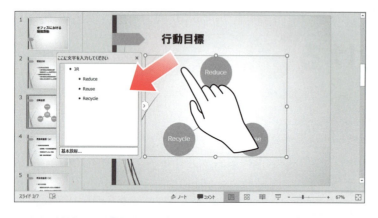

SmartArtグラフィックのサイズが変更されます。
④SmartArtグラフィックを引きずるように動かします。

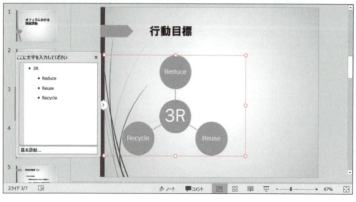

SmartArtグラフィックが移動します。

6　長押し

マウスを右クリックする操作は、タッチで**「長押し」**という操作に置き換えることができます。
長押しは、操作対象を選択して、長めに押したままにすることです。
ミニツールバーを表示したり、文字を選択したりするときなどに使います。
実際に長押しを試してみましょう。
ここでは、ミニツールバーを使って、SmartArtグラフィックのスタイルを**「光沢」**に変更します。

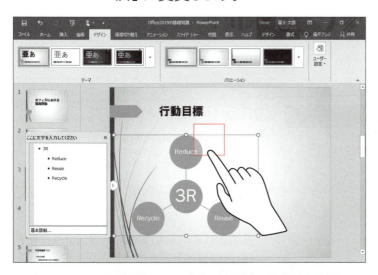

①SmartArtグラフィックの枠線上を長押しして、枠が表示されたら指を離します。

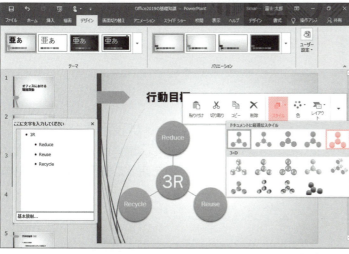

SmartArtグラフィックが選択され、ミニツールバーが表示されます。
② ![スタイル] （SmartArtクイックスタイル）をタップします。
③**《ドキュメントに最適なスタイル》**の**《光沢》**をタップします。

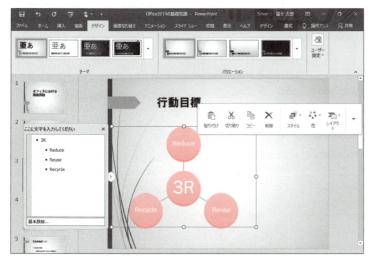

SmartArtグラフィックのスタイルが変更されます。
※SmartArtグラフィック以外の場所をタップして、SmartArtグラフィックの選択を解除しておきましょう。

Step4 タッチキーボードを利用する

1 タッチキーボード

タッチ操作で入力する場合は、「**タッチキーボード**」を使います。
タッチキーボードは、タスクバーの ▥ （タッチキーボード）をタップして表示します。
タッチキーボードを使って、スライド1に次のようなサブタイトルを入力しましょう。

```
FOM Group
環境活動ワーキング
```

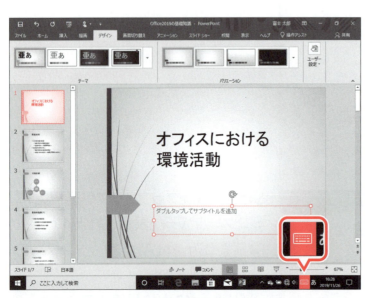

① スライド1をタップします。
② サブタイトルのプレースホルダーをタップします。
③ ▥ （タッチキーボード）をタップします。
※表示されていない場合は、タスクバーを長押し→《タッチキーボードボタンを表示》をタップします。

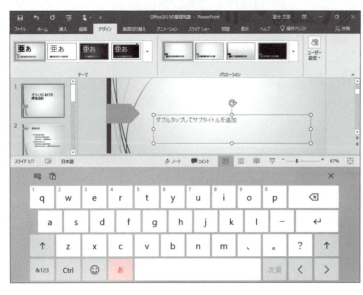

タッチキーボードが表示されます。
※文字が見えにくい場合は、ステータスバーのズーム機能を使って表示倍率を拡大しましょう。
④《**あ**》をタップします。

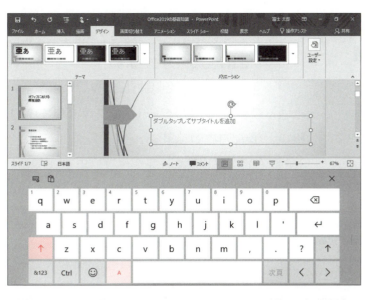

《あ》が《A》に切り替わります。

⑤《↑》をタップします。

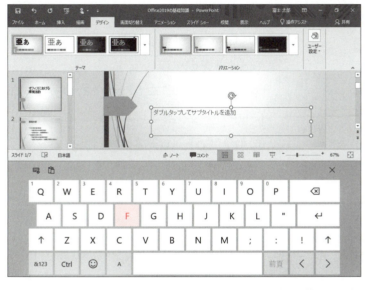

キーボードの英字が小文字から大文字に切り替わります。

⑥《F》をタップします。

※誤ってタップした場合は、 ⌫ をタップして、直前の文字を削除します。

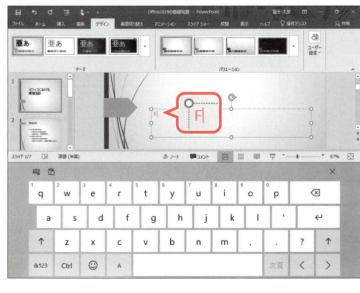

プレースホルダーに大文字の「F」が入力され、キーボードの英字が小文字に戻ります。

176

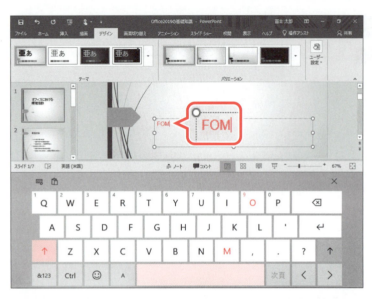

⑦《↑》をダブルタップします。
※《↑》をダブルタップすると、英字の大文字を連続して入力できます。
⑧《O》《M》を順番にタップします。
プレースホルダーに大文字の「OM」が入力されます。
⑨スペースキーをタップします。

半角空白が入力されます。
⑩《G》をタップします。
⑪《↑》をタップします。
キーボードの英字が大文字から小文字に切り替わります。
⑫《r》《o》《u》《p》を順番にタップします。
プレースホルダーに「roup」と入力されます。
⑬《↵》をタップします。

プレースホルダー内で改行されます。
⑭《A》をタップし、《あ》に切り替えます。

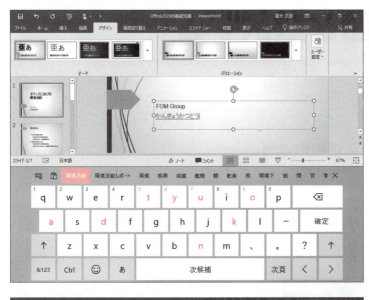

⑮《k》《a》《n》《k》《y》《o》《u》《k》《a》《t》《u》《d》《o》《u》を順番にタップします。

タッチキーボード上部に予測変換の一覧が表示されます。

⑯予測変換の一覧から**《環境活動》**をタップします。

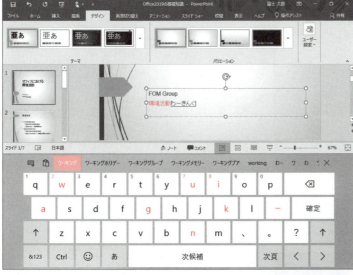

プレースホルダーに「**環境活動**」と入力されます。

⑰《w》《a》《-》《k》《i》《n》《g》《u》を順番にタップします。

⑱予測変換の一覧から**《ワーキング》**をタップします。

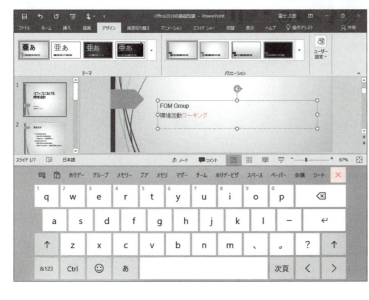

プレースホルダーに「**ワーキング**」と入力されます。

タッチキーボードを非表示にします。

⑲ ✕ をタップします。

※プレースホルダー以外の場所をタップし、選択を解除しておきましょう。

POINT 数字や記号の入力

数字や記号を入力する場合には、タッチキーボードの《&123》をタップします。

Step5 タッチで範囲を選択する

1 スライドの選択

スライドを選択する方法を確認しましょう。

1 スライドの選択

スライドを選択するには、サムネイルペインから目的のスライドをタップします。
スライド7を選択しましょう。

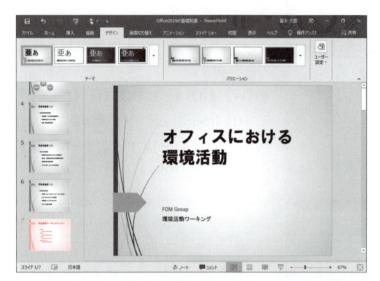

①スライド7をタップします。

スライド7が選択されます。

2 複数のスライドの選択

複数のスライドを選択するには、サムネイルペインのスライドを左方向または右方向に短くスライドします。
スライド4からスライド6を選択しましょう。

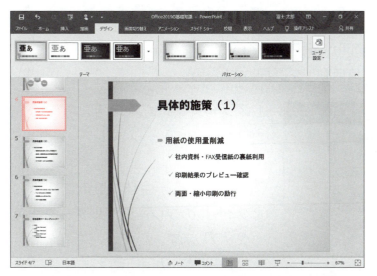

①スライド4をタップします。
スライド4が選択されます。

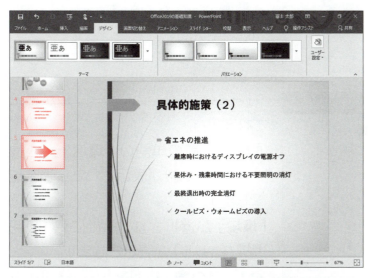

②スライド5を左方向または右方向に短くスライドします。
スライド4とスライド5が選択されます。

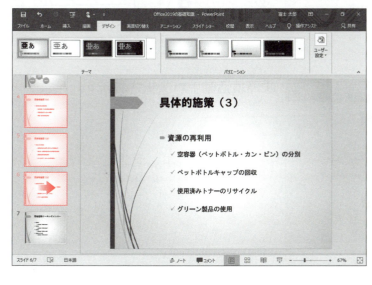

③スライド6を左方向または右方向に短くスライドします。
スライド4からスライド6が選択されます。

> **POINT すべてのスライドの選択**
>
> タッチ操作ですべてのスライドを選択する方法は、次のとおりです。
> ◆サムネイルペインの任意のスライドを長押し→ミニツールバーの （ショートカットメニューの表示）→《すべて選択》

180

2 プレースホルダー内の文字の選択

タッチ操作でプレースホルダー内の文字を選択するには、「🔘（範囲選択ハンドル）」を使います。

操作対象の文字を長押しすると、2つの🔘が表示されます。その🔘をスライドして、1つ目の🔘を開始位置、2つ目の🔘を終了位置に合わせます。1つ目の🔘から2つ目の🔘までの範囲が選択されていることを表します。

スライド1のタイトルの**「環境活動」**を選択しましょう。

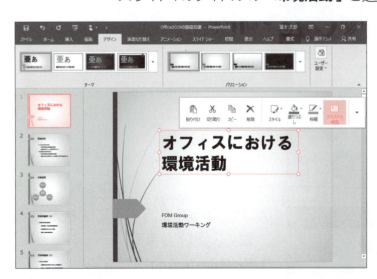

①スライド1をタップします。
②タイトルのプレースホルダーをタップします。

プレースホルダー全体が選択されます。

③タイトルのプレースホルダーを再度タップします。

ミニツールバーが表示されます。

④ （テキストの編集）をタップします。

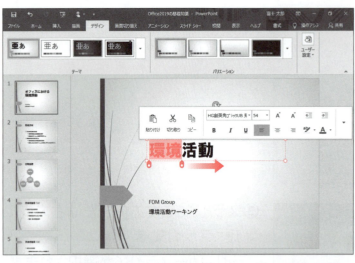

プレースホルダー内にカーソルが表示されます。

⑤開始位置の単語の**「環境」**上を長押しして、枠が表示されたら手を離します。

「環境」が選択され、前後に🔘（範囲選択ハンドル）が表示されます。

⑥2つ目の🔘（範囲選択ハンドル）を**「活動」**までスライドします。

「環境活動」が選択されます。

3 オブジェクトの選択

図形や画像などのオブジェクトを選択するには、オブジェクトをタップします。複数のオブジェクトをまとめて選択するには、オブジェクトをタップしたままの状態で、その他のオブジェクトをタップします。
スライド3のSmartArtグラフィックの図形「Reduce」「Reuse」「Recycle」を選択しましょう。

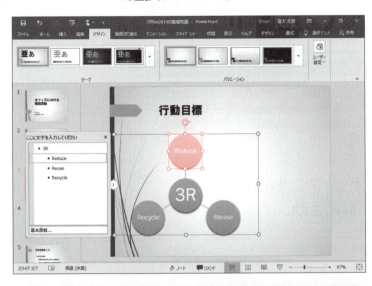

①スライド3をタップします。
②図形「Reduce」をタップします。
図形「Reduce」が選択されます。

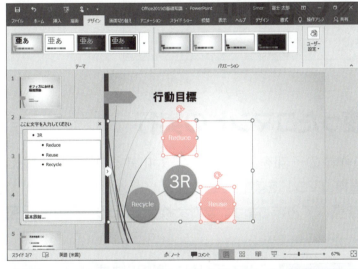

③図形「Reduce」をタップしたまま、図形「Reuse」をタップします。

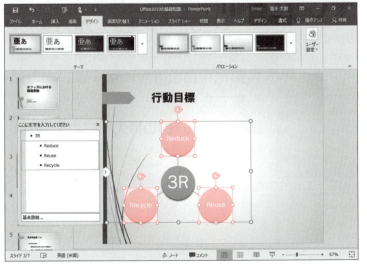

④図形「Reduce」をタップしたまま、図形「Recycle」をタップします。

Step6 操作アシストを利用する

1 操作アシスト

PowerPoint 2019には、ヘルプ機能を強化した**「操作アシスト」**が用意されています。操作アシストを使うと、機能や用語の意味を調べるだけでなく、リボンから探し出せないコマンドをダイレクトに実行することもできます。

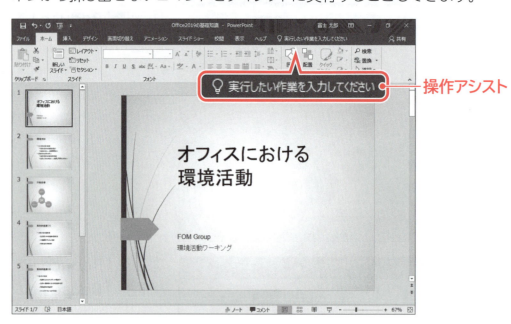

2 操作アシストを使ったコマンドの実行

操作アシストに実行したい作業の一部を入力すると、対応するコマンドを検索し、検索結果の一覧から直接コマンドを実行できます。
「**画像**」に関するコマンドを調べてみましょう。また、検索結果の一覧から「**図の挿入**」を実行しましょう。

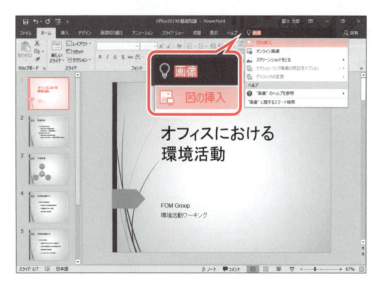

①スライド1を選択します。
②《**実行したい作業を入力してください**》に「**画像**」と入力します。
検索結果に、画像に関するコマンドが一覧で表示されます。
③一覧から《**図の挿入**》を選択します。

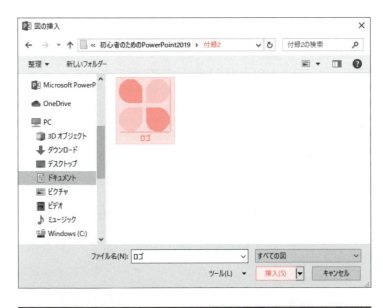

《図の挿入》ダイアログボックスが表示されます。

④フォルダー「**付録2**」を開きます。

※《PC》→《ドキュメント》→「初心者のためのPowerPoint2019」→「付録2」を選択します。

⑤一覧から「**ロゴ**」を選択します。

⑥《**挿入**》をクリックします。

画像が挿入されます。

※図のように、画像の位置とサイズを調整しておきましょう。

184

3 操作アシストを使ったヘルプ機能の実行

操作アシストを使って、従来のバージョンのヘルプ機能を実行できます。
「発表者ツール」の使い方を調べてみましょう。

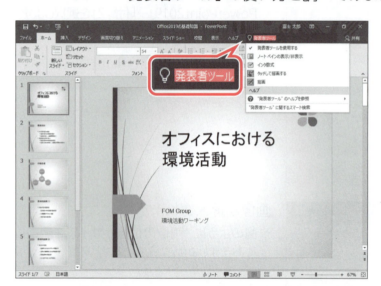

①《実行したい作業を入力してください》に「発表者ツール」と入力します。
検索結果に、発表者ツールに関するコマンドが一覧で表示されます。

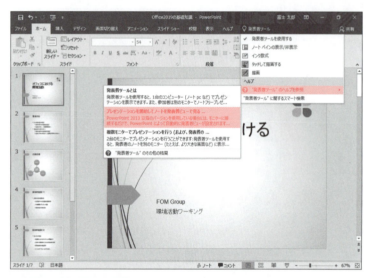

②一覧から《"発表者ツール"のヘルプを参照》を選択します。
③《プレゼンテーションを開始してノートを発表者ビューで見る...》を選択します。

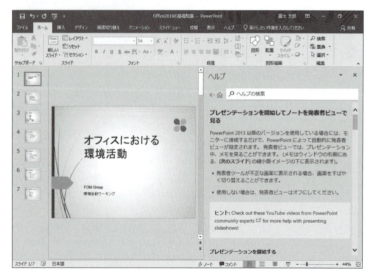

《ヘルプ》作業ウィンドウに選択した項目のヘルプが表示されます。
※《ヘルプ》作業ウィンドウを閉じておきましょう。
※プレゼンテーションを保存せずに、閉じておきましょう。

索引

Index

索引

英字

Cortanaに話しかける ······················ 141
Microsoft Edge ····························· 142
Microsoftアカウントの表示名 ··········· 16
Microsoftアカウントのユーザー情報 ······ 12
OS ·· 137
PINの設定 ··································· 140
PowerPoint ·································· 7
PowerPointの概要 ························· 7
PowerPointの画面構成 ···················· 16
PowerPointの起動 ························· 11
PowerPointの終了 ························· 23
PowerPointのスタート画面 ··············· 12
PowerPointへようこそ ···················· 12
SmartArtグラフィック ···················· 8,80
SmartArtグラフィックに変換 ············· 87
SmartArtグラフィックの移動 ············· 87
SmartArtグラフィックのサイズ変更 ········ 86
SmartArtグラフィックの作成 ··········· 80,81
SmartArtグラフィックの書式設定 ········· 85
SmartArtグラフィックの図形の削除 ········ 83
SmartArtグラフィックの図形の追加 ········ 83
SmartArtグラフィックのスタイルの適用 ··· 83
SmartArtのスタイル ······················ 83
Windows ····································· 137
Windows 10 ································· 137
Windows 10の起動 ······················· 140
Windows 10の終了 ······················· 159
Windows Update··························· 137
Windowsの概要 ··························· 137
Windowsの画面構成 ······················ 141

あ

アート効果 ································· 73
アウトライン ······························ 100
アウトラインペイン ······················ 19
新しいプレゼンテーション················· 12
新しいプレゼンテーションの作成············26

アニメーション ·················· 9,92
アニメーションの解除 ···················· 95
アニメーションの設定 ···················· 93
アニメーションの番号 ···················· 94
アニメーションのプレビュー ·············· 95
アプリ ·· 137
アプリケーション ························· 137
アプリケーションソフト ··················· 137
アプリの起動 ····························· 144
アプリの終了 ····························· 152

い

移動（SmartArtグラフィック） ············87
移動（ウィンドウ） ····················· 149
移動（画像） ······························· 70
移動（図形） ······························· 79
移動（スライド） ·························· 47
移動（表） ································· 58
移動（ファイル） ························· 155
移動（プレースホルダー）················38
色（画像） ································· 73
インク ····································· 168
印刷··99

う

ウィンドウ ································· 146
ウィンドウの移動 ························· 149
ウィンドウの画面構成 ···················· 146
ウィンドウの最小化 ······················ 148
ウィンドウのサイズ変更················150,151
ウィンドウの最大化 ······················ 147
上書き保存····································51

え

閲覧表示モード ··························· 20

お

オブジェクト ······························ 92
オブジェクトの選択（タッチ操作）············ 182

オプションボタン ……………………… 162	クリック ……………………………… 138
	グループ……………………………… 161

か

解除 (アニメーション) ………………95
解除 (画面切り替え効果)……………98
回転……………………………………71
拡大……………………………………17
箇条書きテキスト ……………………43
箇条書きテキストに変換 ……………87
箇条書きテキストの改行 ……………44
箇条書きテキストの入力 ……………43
箇条書きテキストのレベル上げ ……44
箇条書きテキストのレベル下げ ……44
画像………………………………8,68
画像の明るさとコントラストの調整 …72
画像の移動……………………………70
画像の回転……………………………71
画像の加工……………………………73
画像のサイズ変更 ……………………70
画像のスタイルの適用 ………………72
画像の挿入………………………… 68,69
画面切り替え効果 ……………………9,96
画面切り替え効果の解除 ……………98
画面切り替え効果の設定 ……………96
画面切り替え効果のプレビュー ……98
画面構成 (PowerPoint) ………………16
画面構成 (Windows)……………… 141
画面構成 (ウィンドウ) …………… 146
画面構成 (デスクトップ) …………… 141
画面構成 (発表者ツール)…………… 107

き

起動 (PowerPoint) ……………………11
起動 (Windows) ……………… 140
起動ツール ………………………… 161
行………………………………………54
行間……………………………………45
行の削除………………………………60
行の挿入………………………………59
行の高さの変更………………………61

く

クイックアクセスツールバー ………… 16,165

け

蛍光ペン……………………………… 107
検索ボックス (PowerPoint) ………………12
検索ボックス (Windows) …………… 141

こ

効果のオプション (アニメーション) …………95
効果のオプション (画面切り替え効果) ……98
コピー (スライド) …………………………47
コピー (ファイル) ……………………… 153
コマンド ……………………………… 161
ごみ箱……………………………… 142,155
コメント………………………………………17

さ

最近使ったファイル …………………………12
最後の列………………………………………63
最小化…………………… 17,146,148,152
最初の列………………………………………63
サイズ変更 (SmartArtグラフィック) ………86
サイズ変更 (ウィンドウ) …………… 150,151
サイズ変更 (画像)……………………………70
サイズ変更 (図形)……………………………79
サイズ変更 (表) ……………………………57
サイズ変更 (プレースホルダー) ……………37
最大化…………………………… 17,146,147
サインアウト ……………………………12
サインイン ……………………………12
作業ウィンドウ ……………………… 161,163
削除 (行) ……………………………………60
削除 (スライド) ……………………………48
削除 (表) ……………………………………60
削除 (ファイル) ………………………… 155
削除 (プレースホルダー) ……………………39
削除 (列) ……………………………………60
作成 (SmartArtグラフィック) ……… 80,81
作成 (図形)……………………………………75
作成 (表) ……………………………… 54,56
作成 (プレゼンテーション) …………………26
サブタイトルの入力 ……………………………31

188

サムネイル …………………………………18
サムネイルペイン …………………………18

し

自動調整オプション ……………………38
自動保存………………………………………51
縞模様（行） ………………………………63
縞模様（列） ………………………………63
シャットダウン …………………………159
集計行………………………………………63
修整………………………………………73
終了（PowerPoint）………………………23
終了（Windows）…………………………159
縮小…………………………………………17
上下中央揃え………………………………65
ショートカットキー …………………… 166
ショートカットメニュー …………………166
ショートカットメニューの表示の解除 …… 166
書式設定（SmartArtグラフィック）………85
書式設定（図形）…………………………78
書式設定（プレースホルダー）………… 35,36
新規作成（プレゼンテーション）…………26

す

図………………………………………………68
ズーム…………………………………………17
ズームスライダー ………………………17
図解……………………………………… 8
図形………………………………………75
図形の移動…………………………………79
図形のサイズ変更 ………………………79
図形の作成…………………………………75
図形の書式設定……………………………78
図形のスタイルの適用……………………77
図形の選択…………………………………78
図形の枠線…………………………………79
図形への文字の追加………………………76
スタート ……………………………… 141
スタート画面………………………………12
スタートメニュー ……………………… 143
スタートメニューにピン留めされたアプリ… 143
スタートメニューの表示 ……………… 142
スタートメニューの表示の解除 ……… 142

スタイル ………………………………… 9
スタイルの適用（SmartArtグラフィック）…83
スタイルの適用（画像）…………………72
スタイルの適用（図形）…………………77
スタイルの適用（表）……………………62
ステータスバー …………………………17
ストレッチ …………………………139,172
図の圧縮………………………………………73
図のスタイル ……………………………72
図の挿入………………………………………68
図の変更………………………………………73
図のリセット ……………………………73
スピンボタン …………………………… 162
すべてのアプリ ………………………… 143
スマートガイド ……………………………39
スライド（タッチ操作）…………………139,173
スライド（プレゼンテーション）…………15
スライド一覧表示モード ……………… 20,46
スライドショー ………………… 10,21,89
スライドショーの開始 ……………………90
スライドショーの実行 ………… 89,108
スライドの移動 ……………………………47
スライドの印刷 ……………………………99
スライドの切り替え（PowerPoint）… 21,91
スライドの切り替え（タッチ操作）……… 171
スライドのコピー …………………………47
スライドの削除 ……………………………48
スライドの縦横比の設定 …………………27
スライドの選択（PowerPoint）…………49
スライドの選択（タッチ操作） ………… 179
スライドの挿入 ……………………………41
スライドの挿入位置 ………………………41
スライドのレイアウト ……………………40
スライドのレイアウトの変更 ……………42
スライドペイン ……………………………19
スリープ ………………………………… 159
スワイプ ……………………………139,170

せ

設定（Windows）………………………… 143
セル…………………………………………54
選択（タッチ）………………………… 179
選択（図形）………………………………78

選択（表）･････････････････････････････65	
選択（プレースホルダー）･･････････････33	

そ

操作アシスト ･･････････････････ 17,183
操作の取り消し ････････････････････48
挿入（画像）･･････････････････ 68,69
挿入（行）･･････････････････････････59
挿入（スライド）･･････････････････････41
挿入（列）･･････････････････････････59
その他のプレゼンテーション･･･････････12
ソフトウェア ････････････････････ 137

た

ダイアログボックス ･･････････161,162
タイトル行 ･･････････････････････････63
タイトルスライド ･･････････････････････31
タイトルの入力 ･･････････････････････31
タイトルバー ････････････ 16,146,162
タスクバー ･････････････････････ 141
タスクバーにピン留めされたアプリ･･･････ 142
タスクビュー ･････････････････････ 141
タッチ ････････････････････139,167
タッチキーボード ･････････････････ 175
タッチ操作 ･･････････････････139,169
タッチ操作の範囲選択 ･････････････ 179
タッチ対応ディスプレイ･････････････ 167
タッチモード ･･････････････････････ 167
タッチモードへの切り替え ････････････ 167
タップ ････････････････････139,169
タブ ･･････････････････････161,162
ダブルクリック ･･････････････････ 138
ダブルタップ ･･････････････････139,170

ち

チェックボックス･････････････････ 162
中央揃え･･･････････････････････････64

つ

通知･･･････････････････････････ 142
通知領域･･･････････････････････ 142

て

テーマ ･･･････････････････････････9,28
テーマのバリエーション･･････････････29
テキストウィンドウ･･･････････････････81
デスクトップ ･････････････････････ 141
デスクトップの画面構成 ･･･････････ 141
電源･･･････････････････････････ 143

と

特殊効果･････････････････････････ 9
閉じる ･･･････････････ 17,22,146,152
ドラッグ ･･･････････････････････ 138
ドロップダウンリストボックス ･････････ 162

な

長押し･･･････････････････････139,174
名前を付けて保存 ･･･････････････ 50,51

の

ノート ･･･････････････ 10,17,99,108
ノートの印刷 ････････････････････ 102
ノートの入力 ･･･････････････････ 101
ノートペイン ･････････････････ 19,101

は

ハードウェア ･････････････････････ 137
背景の削除･････････････････････････73
配布資料･･･････････････････ 10,100
パスワードの設定 ･･･････････････ 140
バックステージビュー ･･････････････ 164
バックステージビューの表示の解除 ･････ 164
発表者ツール･･･････････････････ 104
発表者ツールの画面構成 ･･･････････ 107
発表者ツールの使用･･････････････ 105
範囲選択ハンドル ･････････････････ 181
範囲の選択･････････････････････ 179

ひ

表･･･････････････････････････････7,54
表示選択ショートカット ･･･････････････17
表示倍率の変更･････････････････････46
表示モードの切り替え ･･････････････････18

190

標準表示モード ……………………… 18,49
表スタイルのオプション ………………… 63
表の移動 ………………………………… 58
表の構成 ………………………………… 54
表のサイズ変更 ………………………… 57
表の削除 ………………………………… 60
表の作成 …………………………… 54,56
表のスタイルのクリア …………………… 62
表のスタイルの適用 …………………… 62
表の選択 ………………………………… 65
開く …………………………………… 13,14
ピンチ …………………………… 139,172

ふ

ファイル管理 …………………………… 153
ファイルの移動 ………………………… 155
ファイルのコピー ……………………… 153
ファイルの削除 ………………………… 155
プレースホルダー ……………………… 7,31
プレースホルダーの移動 ……………… 38
プレースホルダーのサイズ変更 ……… 37
プレースホルダーの削除 ……………… 39
プレースホルダーの書式設定 ……… 35,36
プレースホルダーの選択 ……………… 33
プレースホルダーのリセット …………… 39
プレースホルダーの枠線 ……………… 34
プレゼンテーション …………………… 15
プレゼンテーションの印刷 …………… 99
プレゼンテーションの自動保存 ……… 51
プレゼンテーションの新規作成 ……… 26
プレゼンテーションの保存 …………… 50
プレゼンテーションを閉じる ………… 22
プレゼンテーションを開く ………… 13,14
プレビュー（アニメーション）………… 95
プレビュー（画面切り替え効果）………98

へ

ペイン …………………………………… 18
ヘルプ ………………………………… 185
ペン …………………………………… 107

ほ

ポイント ……………………………… 138

他のプレゼンテーションを開く ………… 12
保存 ………………………………… 22,50
ボタン …………………………… 161,163

ま

マウス操作 …………………………… 138
マウスモード ………………………… 167

み

右クリック …………………………… 138
ミニツールバー ……………………… 37,165
ミニツールバーの表示の解除 ………… 165

も

文字の選択（タッチ操作）…………… 181
文字の追加（図形）…………………… 76
文字の配置 …………………………… 64
元に戻す ……………………………… 48
元に戻す（縮小）………… 17,146,147

ゆ

ユーザー名 …………………………… 143

り

リアルタイムプレビュー ……………… 28
リセット（図）………………………… 73
リセット（プレースホルダー）………… 39
リボン ………………………………… 17,161
リボンの表示オプション ……………… 16

れ

レイアウトの変更 …………………… 42
レーザーポインター …………… 91,107
列 ……………………………………… 54
列の削除 ……………………………… 60
列の挿入 ……………………………… 59
列幅の変更 …………………………… 61
レベル上げ（箇条書きテキスト）……… 44
レベル下げ（箇条書きテキスト）……… 44

よくわかる

初心者のための
Microsoft® PowerPoint® 2019
（FPT1914）

2019年11月26日　初版発行
2024年12月16日　第2版第8刷発行

著作／制作：富士通エフ・オー・エム株式会社

発行者：山下　秀二

発行所：FOM出版（富士通エフ・オー・エム株式会社）
　　　　エフオーエム
　　　　〒212-0014　神奈川県川崎市幸区大宮町1番地5　JR川崎タワー
　　　　　　　　　　株式会社富士通ラーニングメディア内
　　　　　　　　https://www.fom.fujitsu.com/goods/

印刷／製本：アベイズム株式会社

表紙デザインシステム：株式会社アイロン・ママ

● 本書は、構成・文章・プログラム・画像・データなどのすべてにおいて、著作権法上の保護を受けています。
　本書の一部あるいは全部について、いかなる方法においても複写・複製など、著作権法上で規定された権利を侵害
　する行為を行うことは禁じられています。
● 本書に関するご質問は、ホームページまたはメールにてお寄せください。
<ホームページ>
　上記ホームページ内の「FOM出版」から「QAサポート」にアクセスし、「QAフォームのご案内」からQAフォームを
　選択して、必要事項をご記入の上、送信してください。
<メール>
　FOM-shuppan-QA@cs.jp.fujitsu.com
　なお、次の点に関しては、あらかじめご了承ください。
　　・ご質問の内容によっては、回答に日数を要する場合があります。
　　・本書の範囲を超えるご質問にはお答えできません。　　・電話やFAXによるご質問には一切応じておりません。
● 本製品に起因してご使用者に直接または間接的損害が生じても、富士通エフ・オー・エム株式会社はいかなる責任
　も負わないものとし、一切の賠償などは行わないものとします。
● 本書に記載された内容などは、予告なく変更される場合があります。
● 落丁・乱丁はお取り替えいたします。

©2021 Fujitsu Learning Media Limited
Printed in Japan

FOM出版のシリーズラインアップ

定番の よくわかる シリーズ

「よくわかる」シリーズは、長年の研修事業で培ったスキルをベースに、ポイントを押さえたテキスト構成になっています。すぐに役立つ内容を、丁寧に、わかりやすく解説しているシリーズです。

資格試験の よくわかるマスター シリーズ

「よくわかるマスター」シリーズは、IT資格試験の合格を目的とした試験対策用教材です。

■MOS試験対策

■情報処理技術者試験対策

ITパスポート試験　　基本情報技術者試験

FOM出版テキスト 最新情報のご案内

FOM出版では、お客様の利用シーンに合わせて、最適なテキストをご提供するために、様々なシリーズをご用意しています。

 FOM出版　 検索

https://www.fom.fujitsu.com/goods/

FAQのご案内
[テキストに関するよくあるご質問]

FOM出版テキストのお客様Q&A窓口に皆様から多く寄せられたご質問に回答を付けて掲載しています。

 FOM出版　FAQ　 検索

https://www.fom.fujitsu.com/goods/faq/